乡村振兴 • 粮油产业培训精品教材

粮油作物

绿色增产增效生产技术

吴智年 李耀祯 段翠萍 ◎ 主编

中国农业科学技术出版社

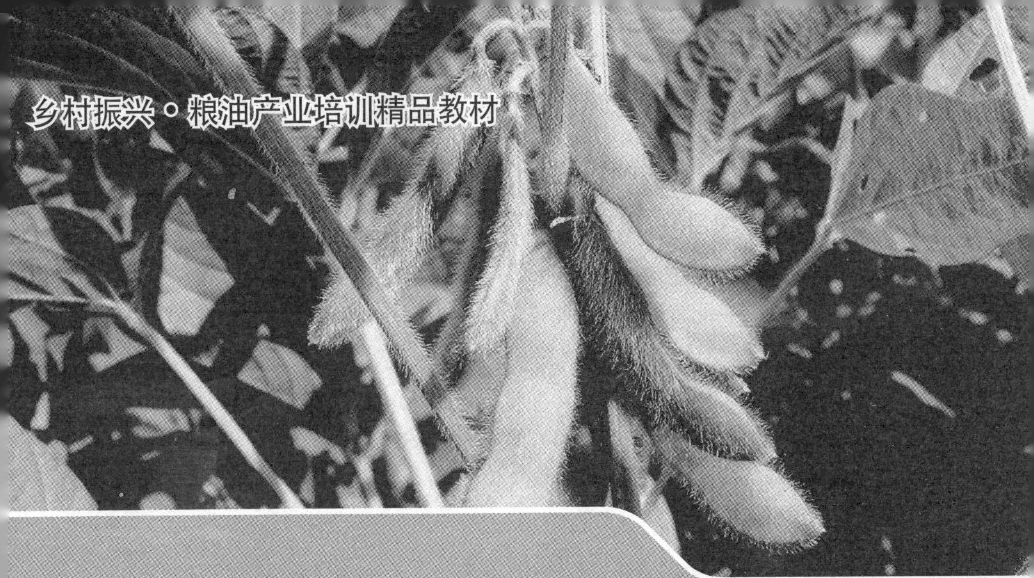

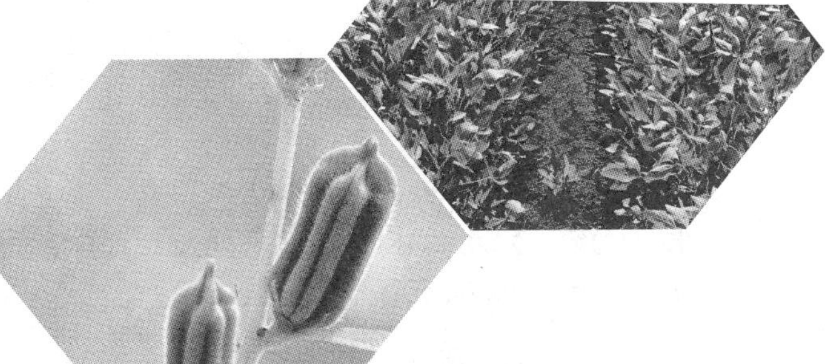

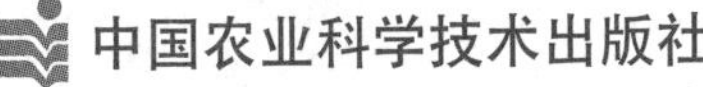

图书在版编目（CIP）数据

粮油作物绿色增产增效生产技术 / 吴智年，李耀祯，段翠萍主编．—北京：中国农业科学技术出版社，2020.8（2024.11重印）
ISBN 978-7-5116-4940-9

Ⅰ.①粮… Ⅱ.①吴…②李…③段… Ⅲ.①粮食作物-栽培技术②油料作物-栽培技术 Ⅳ.①S51②S565

中国版本图书馆 CIP 数据核字（2020）第 155512 号

责任编辑 崔改泵 院金谒
责任校对 贾海霞

出 版 者 中国农业科学技术出版社
北京市中关村南大街 12 号 邮编：100081
电　　话 (010)82109194(出版中心) (010)82109702(发行部)
(010)82109709(读者服务部)
传　　真 (010)82106650
网　　址 http://www.castp.cn
经 销 者 各地新华书店
印 刷 者 鸿博睿特（天津）印刷科技有限公司
开　　本 880mm×1 230mm 1/32
印　　张 5.25
字　　数 140 千字
版　　次 2020 年 8 月第 1 版 2024 年11月第 3 次印刷
定　　价 30.80 元

《粮油作物绿色增产增效生产技术》

编 委 会

主　编：吴智年　李耀祯　段翠萍

副主编：孟海英　冀立军　崔志娟　董秀秀
赵智红　袁成国　余庆铭　徐春艳
蔡灿然　陈秀华　陈常旭　陈　勇
陈国军　孙有宝　姜悦辉　王维彪
贾西玲　马亚静　张　琛　张瑞波
吴　蕾　李　蕾　孟智鹏　任俊林
郎立云　吕志刚　耿青松　李彦爽
李中华　李云峰　赵凤娟　尹会强
杨振文　刘　明　岳建娜　苏士奇
周相平

编　委：谢辉林　谢原野　尤广兰　张红英
李作忠　周文君　王　琪　赵国军
田　禾　王　雅　危亮建　潘炉贵
梁　华　杜娜钦　代丽艳　梁大鹏
卢　伟　张继富　陈　蕾

前　言

我国对粮油的需求正在快速增长，而耕地等资源是有限的，提高粮食作物单产已经成为保障我国粮油安全的根本途径。化肥在粮油作物生产上起着重要作用，但化肥的过量或不合理施用，会导致土壤养分失衡，养分利用效率低等问题，使得大量的养分进入环境，造成资源和能源的浪费，影响空气和水体质量，引起环境污染，危害人体健康。因此，如何实现粮油作物大面积高效高产显得尤为重要。

本书系统介绍了粮食增产增效技术，包括小麦绿色增产增效技术、玉米绿色增产增效技术、水稻绿色增产增效技术、马铃薯绿色增产增效技术、花生绿色增产增效技术、油菜绿色增产增效技术、甘薯绿色增产增效技术、杂粮绿色提质增产增效生产技术等。

本书突出了技术的实用性、先进性及其产品的安全性，适合种植者、基层科技人员参考使用。

编　者

目　录

第一章　小麦绿色增产增效技术

第一节　精细整地与施肥技术

一、精细整地

衡量一块好地的标准是“厚、足、深、净、细、实、平”，这也是精细整地的基本要求。所谓“厚”，就是土地肥沃，土壤肥料要充分，营养要全面。肥水管理做到因地制宜，配方施肥。“足”就是足墒，使小麦有充分水分发芽，利于实现苗全、苗壮。“深”就是深耕，耕层深度要达到25~30cm，要打破犁底层，破除板结，有利于养分的输送。农谚讲“深耕加一寸，顶上一遍粪”，说明了深耕的增产作用。深耕不要每年进行，一般要3年1次，也就是“旋3耕1”，3年旋耕，1年深耕，若只旋不耕，根系难以下扎，不利于养分的吸收利用，从而影响产量。目前多采取机械深松，深松深度一般为25~40cm。“净”就是不要有大的根茬和较长的秸秆，以便播种和出苗。否则，土壤过于蓬松，水分蒸发过快，不利于保墒和出苗，即使出苗，也不利于根系下扎，易出现土壤悬空造成“吊苗”而导致缺苗断垄，从而影响产量。“细”就是细耙，做到无明暗坷垃。若坷垃多，影响播种和出苗，农谚有“麦子不怕草，就怕坷垃咬”。“实”就是土壤上松下实，表面不板结，下层不架空。表面板结不利于出苗，下层架空易造成吊苗，直接影响小麦高产。“平”就是地面要平整，灌溉是不冲不淤，寸*水棵棵到，利于灌溉，为给小麦提供充足的水分打好基础。

精细整地一般要注重三大环节。一是深松、耕翻。土壤深耕或深松使土质变松软，土壤保水、保肥能力增强，是抗旱保墒的重要技术措施。耕翻可掩埋有机肥料、粉碎的作物秸秆、杂草和病虫有机体，疏松耕层，松散土壤。降低土壤容重，增加孔隙度，改善通透性，促进好气性微生物活动和养分释放。提高土壤渗水、蓄水、保肥和供肥能力。二是少耕、免耕、隔3年深耕或深松。以传统铧式犁耕翻，虽具有掩埋秸秆和有机肥料、控制杂草和减轻病虫害等优点，但每年用这种传统的耕作工序复杂，耗费能源较大，在干旱年份还会因土壤失墒较严重而影响小麦产量。由于深耕效果可以维持多年，可以不必年年深耕。三是耙耢、镇压。耙耢可破碎土垡，耙碎土块，疏松表土，平整地面，上松下实，减少蒸发，抗旱保墒；在机耕或旋耕后都应根据土壤墒情及时耙地。旋耕后的麦田表层土壤疏松，如果不耙耢镇压以后再播种，会发生播种过深的现象，形成深播弱苗，严重影响小麦分蘖的发生，造成穗数不足；还会造成播种后很快失墒，影响次生根的喷发和下扎，造成冬季黄苗死苗。镇压有压实土壤、压碎土块、平整地面的作用，当耕层土壤过于疏松时，镇压可使耕层紧密，提高耕层土壤水分含量，使种子与土壤紧密接触，根系及时喷发与伸长，下扎到深层土壤中，一般深层土壤水分含量较高较稳定，即使上层土壤干旱，根系也能从深层土壤中吸收到水分，提高麦苗的抗旱能力。

二、小麦测土配方施肥技术

小麦测土配方施肥概念。小麦测土配方施肥技术是以测试土壤养分含量和田间肥料试验为基础的一项肥料运筹技术。主

---

* 1寸≈3.33cm

要是根据实现小麦目标产量的总需肥量、不同生育时期的需肥规律和肥料效应，在合理施用有机肥的基础上，提出肥料（主要是氮、磷、钾肥）的施用量、施肥时期和施用方法。

小麦需肥量计算。小麦测土配方施肥技术主要是根据实现小麦目标产量的总需肥量、不同生育时期的需肥规律和肥料效应，在合理施用有机肥的基础上，提出肥料（主要是氮、磷、钾肥）的施用量、施肥时期和施用方法。根据研究，每生产100kg 籽粒，小麦植株需吸收纯氮 3.1kg、磷 1.1kg、钾 3.2kg 左右，三者比例为 2.8：1.0：3.0，随产量水平的提高，小麦氮、磷、钾的吸收总量相应增加。冬小麦起身以前麦苗较小，氮、磷、钾吸收量较少，拔节期植株开始旺盛生长，拔节期至成熟期，植株吸氮量占全生育期的 56%、磷占 70%、钾占 60%左右。通过测土，了解土壤各种养分供应能力，从而确定小麦合理施肥方案，使小麦均衡吸收各种营养，维持土壤肥力水平，减少肥料流失对环境的污染，达到优质、高效和高产的目的。只有根据上述小麦的需肥量和吸肥特性、土壤养分的供给水平、实现目标产量的需肥量、肥料的有效含量及肥料利用率，配方施肥才能达到小麦需肥与供肥的平衡，获得小麦的高产优质高效。

小麦测土配方施肥技术要点。一是增施有机肥。有机肥和化肥相比较，具有养分全面、改善土壤结构等优点，因此说保证一定的有机肥用量是小麦丰产丰收的基础，一般亩（1 亩≈667m^2；15 亩=1hm^2。全书同）用有机肥 2 000~2 500kg，多用更好。二是稳氮、磷，增钾肥。具体施肥指标：低产田（亩产150~250kg）：每亩小麦需施肥折合纯氮 6.5~7.0kg、五氧化二磷 3.0~4.5kg、氧化钾 5~6kg。具体施肥时掌握亩用小麦配方肥（18-12-18）40~50kg 或亩用尿素 20kg、过磷酸钙 40~50kg、氯化钾 10~15kg。亩产 300~500kg，每亩小麦需肥量折合纯氮12~16kg、五氧化二磷 5~8kg、氯化钾 8~12kg、锌肥 1kg，具体施肥掌握氮肥 60%作基肥（含种肥），其余均作底肥一次性施入，亩施底肥用量为小麦配方肥（18-12-9）50~60kg，加锌肥1kg或亩用尿素25~30kg、磷酸二铵10~15kg、氯化钾20kg、硫酸锌1kg。三是酌情追肥。小麦一生中吸收的养分虽然前期十分重要，但用量少，其需肥高峰一般在中期偏后，因此说，应酌情追肥，特别是氮肥在土壤中易于流失，有水浇条件地块应分次追施，建议追肥比例为50%。当然无水浇条件地块仍应采用“一炮轰”施肥方法。

第二节　小麦宽幅播种技术

一、农机具选择及使用

加强农机具管理，充分发挥其应有的作用，是实现小麦丰产的一项重要措施。一般地块，机耕机播可增产15%~20%。生产上要求在播前15d应完成拖拉机、犁耙和播种机等农机具的检修和适当的调整工作，并备足必要的配件。对播种机械要求在播前试播，保证下种量准确，播深适宜，行距适当，各垄之间下籽均匀一致。机械播种20世纪已经普及，为逐渐改变农民“有钱买种，无钱买苗”播种量偏大的观点，在农机和农技技术人员的指导下，研制生产了半精量播种机，实现了由机械播种到宽幅播种的转变。由于宽幅播种机结构简单、价格低、操作简单，一时风靡全国。

合理选用小麦播种机。比较普遍的播种机主要有以下几种类型。

一是2BMB型小麦半精量播种机。结构特点：采用外槽轮式排种器，为解决外槽轮式排种的脉冲性，避免“疙瘩”苗，采用提升排种高度增加种子下落时间，并用塑料褶皱管输种。采用锄铲式开沟器，沟底平滑，播深一致性好。适应于土地平整、无明暗坷垃、土壤中秸秆量少的区域。

二是2BJM型锥盘式小麦精量播种机。根据小麦“精播高产”理论，由中国农机院研发的小麦精量播种机批量生产，将“精播高产”从理论变成现实生产力，推动了小麦产量的提高。同时，也将农机农艺结合推向一个新的阶段。结构特点：采用金属锥盘型孔排种器，实现了单粒连续排种。使用条件：精细整地，深耕细耙，上松下实，无明暗坷垃；种子分级处理，籽粒饱满大小一致，拌种包衣区域。

三是耧腿式、圆盘式播种机。结构特点：这两种播种机都采用外槽轮式排种器，属于半精量播种范围，目前是小麦棉花、小麦西瓜间作套种区域应用最多的两种小麦播种机。应用范围：耧腿式主要应用于秸秆还田面积少的地区；圆盘式播种机主要应用于秸秆还田面积大的地区。耧腿改圆盘，为的是适应秸秆还田，解决秸秆堵塞问题。存在的问题：在整地质量不高的土壤中，易播深；缺少镇压装置。

四是双圆盘开沟器式播种机。工作原理：双圆盘刃口在前下方相交于一点，形成夹角。工作时，靠自重及附加弹簧压力入土，圆盘滚动前进形成种沟。输种管将种子导入沟中，靠回土及沟壁塌下的土壤覆盖种子。优点：由于圆盘有刃口，滚动式可以切断茎秆和残茬，在整地条件差、坷垃多、湿度大地块能稳定工作；适应于较高速工作；开沟时不乱土层，能用湿土覆盖种子。缺点：结构复杂、重量大、造价高、开沟阻力大，播幅窄，不能形成宽幅，播后一条线，苗拥挤。

五是小麦宽幅精量播种机。其结构特点：通过改进外槽轮形状，形成螺旋型窝式槽轮排种器，实现单粒精播；同过双排梁结构，是开沟铲前后排列，提高通过性，避免堵塞；采用双管下种，开沟器底部凸版实现宽幅播种。整体结构简单，价格低。使用条件：精耕细整，耕地前要将底肥撒施地表；秸秆还田或土壤暄松的地块，播前要全面镇压。使用注意事项：为保证播幅宽度，播种畦面要整理平整，保持播种机左右水平作业；为保证苗幅左右两侧密度均匀一致，前后排种器工作长度要一致；为提高播种精度，将塑料褶皱管改成塑料光管；为保证种子间距，输种管长度要合适，避免弯曲，减少种子在管中的碰撞。目前，这种播种机所占比例最大，高达80%以上。

六是小麦免耕播种机。小麦免耕播种就是在玉米收获秸秆粉碎后，在未耕作的土地上用专用免耕播种机，一次完成开沟、施肥、播种、覆土、镇压等工序的作业。与传统播种机相比，最大差别是没有对土壤全部耕翻，仅耕翻小麦播种地方。秸秆置于未种小麦的地表，起覆盖保墒作用。结构特点：具有小麦播种和耕整地双重功能，播前不必再耕作整地或破茬作业，采用外槽轮式排种器，属于半精量播种。采用燕尾型强制分种板，增加播种幅宽。免耕播种的优点：大量利用了玉米秸秆，培肥地力、蓄水保墒、省工省时、增加肥效。小麦免播的难点：地表玉米秸秆量大、玉米根茬硬，开沟入土困难；地表平整度差，播深控制困难；秸秆量大，机具通过性相对较差。免耕播种机种类比较多，有国外大型被动圆盘式播种机、靠自重切断稻秆开沟播种、多排梁式加强耧腿式播种机。通过耧腿开沟播种，适用于一年一作地区。主动旋刀开沟式播种机。利用旋转的刀具开沟、分草、播种、覆土，适用于一年两作地区。因这类播种机械将多次作业程序融为一体，减少田间作业程序，减少机械碾压次数，节约劳动用工和能源消耗，一体机将代替分体机，是小麦播种机的发展方向。

二、小麦宽幅精播机的使用与调整

一是培训播种机手。要认真学习宽幅精播机使用说明书，熟悉播种机性能，可调节的部位，运行中的规律等，只有播种机手熟悉掌握了宽幅精播机机械性能和作业技能，才能有效地掌握播种量，播种深浅度，下种均匀度，才能提高播种质量，实现一播全苗的要求。2009 年某试验点因更换机手，造成播量不准，出苗很差的情况。

二是选择牵引动力。例如第三代6行小麦宽幅精播机应用15~18马力拖拉机进行牵引。

三是调整行距。行距大小与地力水平、品种类型有直接关系，小麦宽幅精播机应根据当地生产条件自行调整。

四是调整播量。①首先松开种子箱一端排种器的控制开关，然后转动手轮调整排种器的拨轮，当拨轮伸出1个窝眼排种孔时，播种量约为3.5kg/亩，前后两排窝眼排种孔应调整使数目一致，当播种量定为7kg/亩时，应调整前后两排2个窝眼排种孔，以此类推。播种量调整后，要把种子箱一端排种控制锁拧紧，否则会影响播种量。②种子盒内毛刷螺丝拧紧，毛刷安装长短是影响播种量是否准确的关键，开播前一定要逐一检查，播种时一定要定期检查，当播到一定面积或毛刷磨短时应及时更换或调整毛刷，否则会影响播种量和播种出苗的均匀度。③确定播种量最准确的方法是称取一定量的种子进行实地播种，验证播种量调整是否符合要求，有误差要重新调整，直至符合播种要求。

五是播种深度。调整播种深度的方法，是先把播种机开到地里空跑一圈，看一看各耧腿的深浅情况，然后再进行整机调整或单个耧腿调整。一般深度调整有整机调整、平面调整和单腿调整。所谓整机调整是在6行腿平面调整的基础上，调整拖拉机与播种机之间的拉杆；平面调整就是在地头路上把6行腿同落地上，达到各耧腿高度一致，然后固定“U”形螺圈；单腿调整就是单行腿深浅进行调整，特别是车轮后边耧腿要适当调整深些。

六是翻斗清机，更换品种。前支架左右上方有两个控制种子箱的手柄，当播完一户或更换种子时，将两个控制手柄松开，让种子箱向后翻倒，方便清机换种。

三、小麦宽幅精播机田间操作与调整

一是认真检查。播种机出厂经过长途运输，安装好的部件在运输过程中易造成螺丝松动或错位等现象，机手在播种前应对购买的播种机进行“三看三查”：一看种子箱内 12 个排种器窝眼排种孔是否与播种量相一致，查一查排种开关是否锁紧，毛刷螺丝是否拧紧，排种器两端卡子螺丝是否拧紧；二看行距分布是否均匀，是否符合要求，查一查每腿的“U”形螺栓是否松动，排种塑料管是否垂直，有没有漏出耧腿或弯曲现象等；三看播种深浅度，查一查 6 行腿安装高度是否一致，开空车跑上一段，再一次地进行整机调整和单耧腿调整，以达到深浅一致、下种均匀。

二是控制作业速度。播种速度是播种质量的重要环节，速度过快易造成排种不匀、播量不准、行幅过宽、行垄过高等问题，建议播种时速为 2 挡较为适宜，作业时拖拉机前进速度以每小时 4~5km 为宜。

三是注意环境因素影响。对秸秆还田量较大或杂草多、过黏的地块，播种时间应安排在下午，避免土壤湿度过大，造成拥土，影响正常播种。同时，每到地头要仔细检查耧腿缠绕杂草情况，及时去除缠绕，以免影响播种质量。

四、关于小麦宽幅精播机使用过程中的问题

一是播种量调节幅度过大问题。设计者根据目前小麦生产情况设计的低量（1 个窝眼）小麦精量播种，基本苗在 8 万苗左右；中量（2 个窝眼）小麦半精播，基本苗在 14 万苗左右；高量（3 个窝眼）为传统播量，基本苗在 20 万苗以上。因为小麦生长周期长，自动调节性强，故应根据地力水平、播期时间等来确定适宜的播种量。在地力水平高，适期播种前提下，适当减少播种量，对产量是没有影响的。

二是播种后出现复沟问题。由于当前小麦生产中多以旋耕为主，加上秸秆还田，往往造成播种过深，影响苗全苗壮，而宽幅播种后带有复沟，就解决了生产中深播苗弱的问题。有用户提出浇水垄土下榻埋苗，经过三年实践证明，浇水垄土下榻有压小蘖、培土增根、防倒伏的作用，所以，留有复沟利大于弊。经多年试验，播种时只要耧腿不缠绕杂草，小麦播种复沟不影响小麦正常浇水。

五、宽幅精播机使用注意事项

一是机具严禁倒退，否则将损坏排种器和毛刷。

二是使用前应检查各紧固件是否拧紧，各转动部位是否灵活。

三是工作时排种器端部的锁紧螺母及各个排种器两端的固定卡不许松动，否则会影响播种量。

四是机具在播种期间需重新调整播种量时，一定要把排种器壳内的种子清理干净再进行调整，否则，排种器播轮挤进种子后，将损坏排种器。

五是工作过程中，链轮、链条要及时加油。

六是机具长期不用时，应将耧斗内的种子和化肥清理干净，各运动部件涂上防锈油，置于干燥处，不允许长期雨淋、暴晒。

六、小麦宽幅精播高产高效综合栽培技术

实行小麦宽幅精播机播种旨在：“扩大行距，扩大播幅，健壮个体，提高产量”。首先是扩大播幅，改传统密集条播籽粒拥挤一条线为宽播幅（8cm）种子分散式粒播，有利于种子分布均匀，无缺苗断垄、无疙瘩苗，也克服了传统播种机密集条播造成的籽粒拥挤，争肥，争水，争营养，根少苗弱的生长状况。其次是扩大行距，改传统小行距（15~20cm）密集条

播为等行距（22~26cm）宽幅播种，由于宽幅播种籽粒分散均匀，扩大小麦单株营养面积，有利于植株根系发达，苗蘖健壮，个体素质高，群体质量好，提高了植株的抗寒性、抗逆性。

第三节　小麦适期适量播种

一、小麦适期播种的一般要求

（一）冬前积温

现有生态条件下，小麦从播种到种子萌动需≥0℃积温22.4℃·d，以后胚芽鞘每生长1cm，约需≥0℃积温13.6℃·d,所以，从种子萌动到出土需积温68.0℃·d；第1片真叶生长1cm，约需≥0℃积温13.6℃·d，因此，从出土到出苗又需≥0℃积温27.2℃·d，累积小麦从播种到出苗需要117.6~120℃·d。当日均温为10℃左右时，生长1片叶需≥0℃积温75℃·d，因此，冬前麦苗长出6叶或6叶1心，需积温450~525℃·d，长出7叶或7叶1心，需≥0℃积温525~600℃·d。

另据生产实践验证，弱冬性品种冬前壮苗具有5叶1心或6叶，冬性品种冬天壮苗具有6叶或6叶1心，所以，从播种至形成壮苗，弱冬性品种需≥0℃积温550℃·d左右，半冬性品种需≥0℃积温550~650℃·d。积温指标确定以后，再根据当地常年日平均温度的变化资料，从日均温稳定降至0℃之日起向前推算，将所有温度值加起来，直到其总和达到既定积温指标为止。这个终止日期即为当地弱冬性或冬性品种的适宜播期，这一日的前后3d即为其适宜播期范围。

（二）品种特性

不同感温、感光类型品种，完成发育要求的温光条件不同。

冬性品种宜早播，半冬性品种次之，偏春性品种可稍晚播种。冬性品种为日平均气温16~18℃，弱冬性品种一般在14~16℃，即在10月上旬至10月中旬播种。

（三）土、肥、水条件

在上述适宜范围内，适宜播期还要根据当地的土壤肥力、地形等进行调整。黏土地质地紧密，通透性差，播期宜早；沙土地播期宜晚；盐碱地不发小苗，播期宜早。水肥条件好，麦苗生长发育速度快，播期不宜早；旱地或墒差时，播期宜早。

二、确定适宜播种量

基本苗数是实现合理密植的基础。生产上通常采取“以地定产，以产定穗，以穗定苗，以苗定籽”的方法确定适宜播种量，即以土壤肥力高低确定产量水平，根据计划产量和品种的穗粒重确定合理穗数，根据穗数和单株成穗数确定基本苗数，再根据基本苗和品种千粒重、发芽率及田间出苗率等确定播种量。

播量计算方法。亩播量应根据亩基本苗数、种子净度、籽粒大小、种子发芽率和出苗率等因素来确定，其计算公式：

$$\text{亩播量（kg）}=\frac{\text{亩计划基本苗数}\times\text{千粒重（g）}}{\text{种子净度}\times\text{发芽率}\times\text{出苗率}\times 10^{6}}$$

一般当种子净度在99%以上，可以不考虑“净度”这项因素。如果计划基本苗数为16万苗，所采用的品种千粒重为42g，发芽率为95%，出苗率为85%，那么：

$$\text{亩播种量（kg）}=\frac{160\ 000\times 42}{0.95\times 0.85\times 10^{6}}=8.1\text{kg}$$

生产实践中，播种量还应根据实际生产条件、品种特性、播期早晚、包衣剂属性、栽培体系类型等加以调整：土壤肥力很低时，播量应低，随着肥力的提高而适当增加播量，当肥力较高时，相对减少播量；冬性强，营养生长期长、分蘖力强的品种，适当减少播量，而春性强、营养生长期短、分蘖力弱的品种，适当增加播量；播期推迟应适当增加播种量；采用粉锈宁等杀菌剂包衣或拌种的要适当加大播种量；不同栽培体系中，精播栽培播量要低，独秆栽培要密等。

第二章　玉米绿色增产增效技术

第一节　夏玉米生产全程机械化栽培技术

玉米全程机械化栽培技术是一种作业工序简单、省时省力、节本、降耗、增效的高产栽培技术。

一、选用适宜机收品种，满足机收要求

适于全程机械化生产的品种要求：

（1）早熟脱水快：夏播出苗后110d籽粒水分降到25%左右。

（2）坚秆硬轴：田间倒伏倒折率之和不超过3%，田间收获籽粒穗轴破碎少。

（3）抗病广适：抗茎基腐、小斑病等主要病害，抗逆性强，适应性广。

（4）易脱粒：田间机械脱粒后籽粒破损率5%以下。

（5）站秆力强，脱落率低：玉米生理成熟后15d，茎秆田间站立不倒，玉米果穗脱落率小于3%。

选用近几年表现较好的宇玉30、京农科728、迪卡517、登海518、桥玉8号、联创808、圣瑞999、怀玉5288、先玉335、华农138、滑玉168等。

二、高质量播种技术

玉米是稀植中耕作物，个体自身调节能力很小，缺苗易造

成穗数不足而减产。小麦收获后及时灭茬保墒，实现早播、一播全苗，达到苗齐、苗匀、苗壮，对高产至关重要。

（一）抢时播种，争取实现一播全苗

秋季作物播种有“春争日，夏争时”“夏播无早，越早越好”的说法。播种时间要尽可能早，早播种利于早成熟，早播种利于高产。一般要求播种时间不晚于6月15日。

土壤墒情不足或不匀，是造成缺苗断垄或出苗早晚不齐的重要原因。土壤干旱严重，土壤中的水分已不能出全苗，必须造墒播种。如墒情不足，播种后3d内，立即浇蒙头水，利于早出苗、出齐苗；切忌半墒造成的出苗不全。

（二）精选种子及种子处理

对所买种子进行分级挑选，去除烂粒、病粒、瘪粒、过小粒，目的是使种子大小一致、新鲜饱满，提高发芽势和发芽率，减少种传病虫害，保证播种后发芽出苗快速整齐、幼苗健壮均一。最好直接购买种衣剂包衣种子，如未包衣，须进行药剂拌种，以防治苗期灰飞虱、蚜虫、粗缩病等发生。

（三）一体化机械精密播种

播种是保证苗全、苗齐、苗壮的重要环节，是增产增收的基础。机械化精密播种可以精确控制播种量、株距和播种深度。精密播种机一次完成化肥深施、播种、覆土、镇压等作业。

前茬为冬小麦的地块，小麦收获后用秸秆还田机粉碎麦茬或收获同时启用收割机粉碎刀片把秸秆切成2~3cm长度后均匀抛撒于地面。

种肥同播时要将种肥一起施入土壤内，种子与种肥之间要有5cm以上的土壤间隔层。机械播种要深浅一致、覆土均匀，实现苗全、苗齐、苗匀、苗壮；选取发芽率高的种子，单粒播种，单粒率≥85%，空穴率<5%，碎种率≤1.5%，避免漏播和重播现象。播种机匀速、慢速行进，行走速度不超过4km/h，

力争每个播种穴都出苗。

随播种将肥料施在种侧 5cm 左右、深 5~8cm 处，并尽可能分层施肥。分层施肥能提高化肥的利用率，上层肥施在播种层下方 3~5cm，占肥量的 1/3；下层肥在播种层下方 12~15cm，占肥量的 2/3。

（四）密度适当，株行距合理

一般株距 20~25cm，每亩密度 4 200~4 800株。桥玉 8 号、先玉 335、郑单 958 等竖叶型品种每亩种植密度一般为 4 500~5 000株，对于亩产 400~500kg 的中高产田宜适当稀植，密度可控制在 4 000~4 500株/亩；对于亩产在 600kg 以上的超高产田可以适当密植，密度可以控制在 5 000~5 500株/亩，但要防止每亩 6 000株以上的过密现象，因为过度密植会使植株生长细弱，而容易出现倒伏或者结实性差。

种植行距要适当，按照收获要求对行收获，对行收获才能不掉穗，一般要求 60cm 等行距种植，也可以 40cm 与 80cm 相间的宽窄行种植。

三、合理肥料运筹技术

（一）施肥量

要实现每亩 600kg 的产量指标，总需肥量为 N 18~20kg，P_2O_5 7. 5kg，K_2O 7. 5kg。根据中等土壤的肥力状况，施肥量定为尿素 35kg/亩、磷酸二铵 15kg/亩、硫酸钾 15kg/亩。

（二）施肥技术

1. 基肥

将 N、P_2O_5、K_2O 各含 15%的三元复合肥 40kg 左右在播种时穴播或条播。为减少用工，种粮大户和有条件的地区，生产中采用 48%缓释复合肥（26-12-10）或 45%（30-8-7 等类型）

高氮三元复合肥 40~50kg，微肥可选用硫酸锌 1~2kg/亩、硼肥 0.5~1kg/亩。可随播种作业一次性施足。

2. 追肥

播种后 35d 左右，将尿素 25~30kg 施入。时间早有利于机械追施。施肥时，开沟不能距植株太近，以免伤根，施肥部位以离植株 12~15cm 为宜。

(三) 合理灌排

玉米生育期相对较短、生长量大，又处于夏季高温季节，需水量相应较多。保证水分的供应，是获得玉米高产的重要措施。夏玉米重点浇好“三水”：播种水（又叫底墒水）、抽雄水（抽雄前 10d 至抽雄后 20d）、灌浆水（抽雄至灌浆成熟），遇旱及时浇水，遇涝及时排涝。

四、玉米化控技术

为了防止玉米倒伏，在玉米拔节前，可以适当喷洒控制株高、控制旺长的药剂。根据田间玉米长势决定是否喷药，旺长田块和秆高易倒伏的品种田块用 50%矮壮素水剂 15~30g，或亩用玉米健壮素 30ml，对水 20~30kg，在玉米 8~9 片叶展开时（6 月下旬）均匀喷于玉米上部叶片上。

五、完熟期机械收获

(一) 收获时期

在玉米生理成熟后，当玉米叶片枯黄、果穗苞叶枯松变黄、籽粒含水量降至 28%以下时，即可进行籽粒收获，最晚收获时期以不影响后茬小麦正常生长发育为原则。

(二) 收获植株状况

收获时要求植株倒伏率不超过 5%，穗位高度整齐一致，穗位高度不应低于 50cm。

（三）机械选择

选用能够直接收获玉米籽粒的收获机械且配备玉米专用割台进行玉米收获，割台行距55～65cm，其他收获机性能应符合GB/T 21961—2008中的规定。

（四）作业质量

机械收获的田间落粒与落穗损失率不超过5%，收获籽粒的破碎率不高于5%，杂质率不高于3%。收获作业质量的其他指标应符合NY/T 1355的规定。

（五）秸秆粉碎还田

玉米秸秆可采用联合收获机自带粉碎装置粉碎，或收获后采用秸秆粉碎还田机粉碎还田。

收获籽粒后，应立即送烘干厂进行烘干或自然晾晒。烘干时的技术要求应按GB/T 21017—2007中的规定进行，烘干产品质量应达到GB/T 21017—2007中干燥后成品质量的规定。

第二节　夏玉米“一增四改”高产栽培技术

夏玉米“一增四改”高产栽培技术是针对夏玉米生产中存在的种植密度稀、施肥不合理、收获偏早、人工作业费时费力等主要问题，有目标性地进行改进改善，提高玉米种植科学化水平，增加玉米产量。

技术要点如下。

（1）合理增加种植密度。一般大田生产由传统每亩不足4 000株增加到4 500株，高产田要增加到5 000株，高产攻关田可增加到6 000株以上。适当减少种子的间距，使实际播种籽粒（株）数比要求的种植密度高出10%～15%，以防发生因种子质量、虫咬等因素导致的出苗不全问题。

（2）改种耐密型品种。选用耐密植、抗倒伏、适应性强、熟期适宜、高产潜力大的品种。

(3) 改粗放用肥为配方施肥。在前茬冬小麦施足有机肥(2 500kg/亩以上)的前提下，夏玉米以施用化肥为主。根据产量指标和地力基础确定施肥量，一般按每生产 100kg 籽粒施用氮（N）3kg、磷（P_2O_5）1kg、钾（K_2O）2kg 计算需肥量。缺锌地块每亩增施硫酸锌 1kg。一般将氮肥的 30%~40%、磷肥、钾肥、微肥在机播时和种子隔开同时施入，其余 60%~70% 的氮肥，在大喇叭口期追施。高产田在肥料运筹上，轻施苗肥、重施穗肥、追施花粒肥。苗肥施入氮肥总量的 30% 左右加全部磷肥、钾肥、硫肥、锌肥，以促根壮苗；穗肥在玉米大喇叭口期(叶龄指数 55%~60%，第 11~12 片叶展开）追施总氮量的 50% 左右，以促穗及形成大粒；花粒肥在籽粒灌浆期追施总氮量的 15%~20%，以提高叶片光合能力，增加粒重。

(4) 改人工种植为精量播种。改传统人工种植、条播为单粒精播。墒情不好时播种后造墒，保证出苗整齐度。机械化操作，减少玉米用种量和用工时数，提高经济效益。

(5) 改传统早收为适期晚收。改变 9 月中旬收获玉米的传统习惯，待夏玉米籽粒乳线基本消失、基部黑层出现时收获，一般在 9 月底至 10 月上旬收获。

第三节　甜、糯玉米增产技术

一、甜玉米栽培技术

种植甜玉米主要用于鲜果穗或果穗加工后进入市场，对果穗商品件要求极高，所以要实行规范化栽培。规范化的目标，要使每一株玉米生产出一个商品果穗。总的原则是保证植株生长的“一路青”，重在前期管理，80% 以上的施肥在攻穗肥时完成。具体要求如下。

（一）运用良种

1. 郑超甜 3 号

该品种是河南省农业科学院粮食作物研究所利用自选系 TGQ026 为母本，自选系郑超甜 TBQ018 为父本杂交组配的黄色超甜型胚乳玉米单交种。

特征特性：芽鞘和幼苗为绿色。株高 215cm 左右，穗位高 83cm，茎粗 2.1cm，茎叶夹角较小，株型半紧凑，叶片数 19 片，叶缘和叶片绿色。花丝浅绿色，苞叶较长，果穗长筒形，穗长 21.5cm，穗粗 4.5cm，秃尖长 0cm，穗行数 14 行，籽粒马齿形，超甜型胚乳，籽粒成熟晒干后呈皱缩状，千粒重 266.4g。穗轴白色。雄穗纺锤形，分枝中等，张开角度中，花药绿色，护颖绿色，花粉量大，花期长，花期协调。抗病、抗倒性好，品质优良。种子浅黄色，马齿形，千粒重 160g。在河南春播生育期 101d，夏播 92d，属中熟品种，出苗—鲜穗采收 78.7d。适宜种植密度 3 300～3 700株/亩。一般亩产 720kg 以上。主要优点是：浅黄色超甜性胚乳，风味独特、甜味浓，适口性好，具有甜、脆、香的突出特点，特别是青年、儿童喜爱的副食佳品。郑超甜 3 号属于水果、蔬菜型玉米，可以将鲜穗蒸、煮熟后直接食用，又可制成各种风味的罐头、加工食品和冷冻食品，超甜玉米精加工成鲜速食果穗、鲜超甜玉米籽粒罐头等。

2. 郑甜 66

河南省农业科学院粮食作物研究所育种。品种来源：66T195×66T205。

特征特性：出苗至采收期 78d，比对照中农大甜 413 晚 3d。幼苗叶鞘绿色。株型半紧凑，株高 253.7cm，穗位高 91.4cm。花丝绿色，果穗筒形，穗长 21.2cm，穗粗 4.7cm，穗行数 14～16 行，穗轴白色，籽粒黄色、硬粒型，百粒重（鲜籽粒）38.1g。接种鉴定：中抗茎腐病和小斑病，感瘤黑粉病，高感矮花叶病。品尝鉴定 84.2 分；品质检测：皮渣率 10.11%，还原糖含量 7.46%，水溶性糖含量 23.57%。平均亩产鲜穗 881.6kg。亩种植密度 3 500株。注意防治矮花叶病和瘤黑粉病。

3. 京科甜 533

审定编号：国审玉 2016025。育种者：北京市农林科学院玉米研究中心。品种来源：T68×T520。

特征特性：黄淮海夏玉米区出苗至鲜穗采摘 72d，比中农大甜 413 早 3d。幼苗叶鞘绿色，叶片浅绿色，叶缘绿色，花药粉色，颖壳浅绿色。株型平展，株高 182cm，穗位高 53.6cm，成株叶片数 18 片。花丝绿色，果穗筒形，穗长 17.3cm，穗行数 14~16 行，穗轴白色，籽粒黄色、甜质型，百粒重（鲜籽粒）37.5g。接种鉴定，中抗矮花叶病，中感小斑病。还原糖含量 7.48%，水溶性糖含量 23.09%。亩种植密度 3 500 株。注意及时防治小斑病。

4. ND488

审定编号：国审玉 2016016。育种者：中国农业大学。品种来源：S3268×NV19。

特征特性：黄淮海夏玉米区出苗至鲜穗采收期 71d，比中农大甜 413 早 5d。幼苗叶鞘绿色。株型松散，株高 197.5cm，穗位高 68.8cm。花丝绿色，果穗筒形，穗长 19.3cm，穗粗 4.9cm，穗行数 14~16 行，穗轴白色，籽粒黄色、硬粒型，百粒重（鲜籽粒）41.8g。接种鉴定：中抗小斑病，感茎腐病和瘤黑粉病，高感矮花叶病。品尝鉴定 86.7 分；品质检测：皮渣率 8.31%，还原糖含量 7.65%，水溶性糖含量 24.08%。亩种植密度 3 500株。注意防治茎腐病、矮花叶病和瘤黑粉病。

（二）隔离种植

为了确保甜玉米甜度，要与其他玉米隔离种植，生产上可采用甜玉米连片种植，与其他玉米隔离 500m 以上，或花期相隔 10d 以上。

（三）种子处理

甜玉米种子由于有体轻、芽势弱的特点，在种子播种前首先要进行翻晒，选晴天晒 2h，以利出苗，然后对种子进行适当的挑选。由于我国目前的制种水平和种子后处理技术还不高，种子质量还无法达到国外水平，甜玉米在种子发芽率、发芽势上，个体之间较大差异，因此用人工适当地挑选，有利于出苗的整齐一致。有条件的单位还可进行种衣剂处理，以达到壮苗抗病的目的。

（四）精细育苗

甜玉米种子皱缩，发芽、出苗比其他玉米种子困难，所以要精细育苗，要选择土质好，整地精细，土壤水分湿度适宜的苗床地。杭州春播一般在 3 月下旬，即气温稳定在 12℃ 以上，春播最大的问题是低温，最好采用地膜覆盖加尼龙小拱棚育苗，确保发芽所需要的温度。移栽前 7d 要揭去尼龙小拱棚，进行炼苗，使春播苗健壮，有利于移栽后成活。由于甜玉米芽顶土能力较差，应适当浅播，播后盖少量的细土。秋播一般在 7 月中旬，秋播最大的问题是播种后遇大雨，土壤板结，容易造成甜玉米种子烂种，最好的办法，采用苗床播种后，用尼龙小拱棚，再上面盖上遮阳网，这样既能防雨（尼龙），又有防止拱棚内温度过高（遮阳网）或苗床播种后直接盖草篱，既可防雨又可保持土壤适宜温度，有利发芽出苗；不管用何种方法，待种子发芽，苗刚顶出土，大约播后 5d，一定要全部去掉覆盖物，使其完全露地生长，保证苗生长健壮。发芽率 85%左右的甜玉米种子，1kg 种子育苗移栽可种植 1 亩。如果用营养钵育效果更好。

（五）小苗带土移栽

选择土壤疏松，肥力好，排灌方便的田块种植。移栽前每亩施15kg复合肥（N：P：K=15：15：15），采用2叶1心小苗带上移栽，移苗时要对苗进行挑选，选择大小基本一致、粗壮、长势旺、根系发达的秧苗，进行移栽。这样有利于大田植株生长发育的一致性，甜玉米种植田块中若苗期生长不一致，后期很难弥补上。这样不仅会影响产量，还会影响果穗的商品率。移栽后立即（当天）浇1次清水粪，如第二天天晴，温度高，还要浇1次清水粪，防止小苗脱水，以利成活，促早发。秋季栽培的甜玉米，最好在傍晚移栽。

（六）合理密植

为了达到每一株玉米都生长出1个好商品果穗，不宜过密，以每亩3 500株为宜。春播鲜果穗平均单重达到250g，秋播鲜果穗平均单重达到220g。

（七）早施重施追肥

施足基肥的基础上，及早追肥，早施重施攻穗肥，确保超甜玉米生长一致，这是种好甜玉米成败的关键。重施基肥，亩施基肥12kg纯氮，可以用饼肥、栏肥、过磷酸钙、碳铵等。早施苗肥，选在5叶期，每亩施10kg尿素作苗肥，秋季若天气干旱可加水浇施，待长到喇叭口，有9~10片可见叶时，早施、重施攻穗肥，每亩施8kg尿素加16kg复合肥混合后作攻穗肥施，边施边结合清沟培土，既能保肥，又能压草、防涝，达到超甜玉米生长“一路青”，产量高，品质好。

（八）防治虫害

春播主要防治蚜虫和玉米螟，秋播主要防治蚜虫、玉米螟、菜青虫等，秋播玉米虫害比春播玉米重。应选用高效低毒农药防治害虫，如锐劲特等，待玉米吐丝结束后停止用化学农药，确保鲜食玉米的绝对安全。

二、糯玉米栽培技术

（一）运用良种

糯玉米品种较多，品种类型的选择要注意市场习惯要求，并注意早、中、晚熟品种搭配，以延长供给时间，满足市场和加工厂的需要。

1. 粮源糯1号

审定编号：国审玉20170042。河南省粮源农业发展有限公司用CM07-300×FW20-2选育而成的玉米品种。夏播出苗至鲜穗采收平均76d，株型半紧凑，第一叶片尖端为软圆形；幼苗叶鞘紫色，叶片深绿色，花药浅紫色。株高243cm，穗位高117cm，空株率2.5%，倒伏率12.1%，倒折率0.7%，花丝浅紫色，果穗苞叶适中，穗长19.1cm，穗粗4.6cm，秃尖1.1~1.0cm，穗行数14~16行，穗轴白色，籽粒白色。专家品尝鉴定86.5分。据河南农业大学品质检测，粗淀粉含量61.2%，支链淀粉占粗淀粉的98.4%，皮渣率7.9%。河北农业科学院植物保护研究所接种抗性鉴定结果：感小斑病、中抗茎腐病、高感矮花叶病、中抗瘤黑粉病。中等肥力以上地块栽培，亩种植密度3 800株左右。注意防治小斑病和矮花叶病。

2. 洛白糯2号

审定编号：国审玉20170041。洛阳农林科学院、洛阳市中垦种业科技有限公司用LBN2586×LBN0866选育。夏播鲜穗播种至采收期平均75.7d，株型半紧凑，苗期叶鞘紫色，第一叶片尖端为卵圆形；平均株高255.3cm，穗位101.5cm，空株率2.1%，倒伏率0.1%，倒折率1.6%，全株叶片数19~20片，花丝粉红色，花药黄色。果穗柱形，平均鲜穗穗长19.8cm，秀尖0~3.0cm，穗粗5.0cm，穗行数16.2行，商品果穗率80.5%，穗轴白色，籽粒白色，糯质。专家品尝鉴定平均86.9分。据河南农业大学品质检测结果：平均粗淀粉含量 56.4%，支链淀粉占粗淀粉 97.8%，皮渣率 7.4%。河北农业科学院植物保护研究所接种抗性鉴定结果：中抗小斑病抗、茎腐病（14.5%），高感矮花叶病、感瘤黑粉病。亩种植密度 3 000~3 500株。注意防治矮花叶病和瘤黑粉病。

3. 甜糯 182 号

审定编号：国审玉 2016004。育种者：山西省农业科学院高粱研究所。品种来源：京 140×1h36。

特征特性：出苗至鲜穗采收期 76d，比苏玉糯 2 号晚 2d。幼苗叶鞘浅紫色。株型半紧凑，株高 251.6cm，穗位 104.7cm。花丝浅紫色，穗长 20.3cm，穗行数 14~16 行，穗轴白色，籽粒白色，百粒重（鲜籽粒）39.3g，平均倒伏（折）率 6.1%。接种鉴定：高感小斑病，感茎腐病、矮花叶病和瘤黑粉病。品尝鉴定 87.6 分；支链淀粉占粗淀粉 98.2%，皮渣率 6.8%。亩种植密度 3 500 株。注意防治小斑病、茎腐病、矮花叶病和瘤黑粉病。

（二）隔离种植

糯质玉米基因属于胚乳性状的隐性突变体。当糯玉米和普通玉米或其他类型玉米混交时，会因串粉而产生花粉直感现象，致使当代所结种子失去糯性，变成普通玉米。因此，种糯玉米时，必须隔离种植。空间隔离要求糯玉米田块周围 200m 不种植同期播种的其他类型玉米。也可利用花期隔离法，将糯玉米与其他玉米分期播种，使开花期相隔 15d 以上。

（三）分期播种

为了满足市场需要，作加工原料的，可进行春播、夏播和秋播；作鲜果穗煮食的，应该尽量赶在水果淡季或较早地供应市场，这样可获得较高的经济效益。因此，糯玉米种植应根据市场需求，遵循分期播种、前伸后延、均衡上市的原则安排播期。

（四）合理密植

糯玉米的密度安排不仅要考虑高产要求，更要考虑其商品价值。种植密度与品种和用途有关。高秆、大穗品种宜稀，适于采收嫩玉米。如果是低秆小穗紧凑品种，种植宜密，这样可确保果穗大小均匀一致，增加商品性，提高鲜果穗产量。

（五）肥水管理

糯玉米的施肥应坚持增施有机肥，均衡施用氮、磷、钾肥，早施前期肥的原则。有机肥作基肥施用，追肥应以速效肥为主，追肥数量应根据不同品种和土壤肥力而定。一般每公顷施纯氮300~375kg、五氧化二磷150kg、氧化钾225~300kg。基肥、苗肥的比例应为70%，穗肥为30%。糯玉米的需水特性与普通玉米相似。

（六）病虫害防治

糯玉米的茎秆和果穗养分含量均高于普通玉米，故容易遭各种病虫危害，而果穗的商品率是决定糯玉米经济效益的关键因素，因此必须注意及时防治病虫害。糯玉米作为直接食用品，必须严格控制化学农药的施用，要采用生物防治及综合防治措施。

三、甜、糯玉米收获储藏与包装技术

（一）甜玉米的收获

鲜食甜玉米最适采收期为授粉后20~23d，一般不超过25d。采收时适当带几片苞叶，剪去花丝，并于采收当天及时供应市场鲜销或进行加工，保证新鲜度和品质，新鲜的甜玉米，生吃或蒸煮食用香甜脆，风味佳。

（二）甜玉米的产品形式

1. 鲜果穗

就是甜玉米雌穗授粉后20~25d采摘的青玉米。受适宜采收期的限制，鲜果穗市场供应期短而集中，适于农户小规模分散经营，尤其适合于城郊和集镇周边地区栽培。

2. 冷冻甜玉米

在适宜采收期采摘的鲜果穗按选果穗—去苞叶—清洗—漂烫—预冷—沥水—包装—冷藏的工艺制成产品。甜玉米采收期为授粉后23~28d。采收时间最好在早晨，因为夜间温度低，甜玉米品质好。采收下来的鲜果穗必须在当天处理，不可过夜。冷冻甜玉米可在生产淡季以果穗形式在市场出售。冷藏时间最好不要超过5个月。

3. 甜玉米罐头

用于加工甜玉米罐头的原料可以是鲜果穗，也可以是冷冻甜玉米。如甜玉米笋罐头，玉米笋即未受精的幼嫩玉米雌穗，形如竹笋尖，笋上未受精的子房如串串珍珠，外形美观，因此又称珍珠笋。其加工罐头的工艺：采摘—剥笋、精选（去除苞叶、清除花丝和果柄、淘汰病虫穗）—漂洗—预煮（1~5min）—冷却（用冷水）—配料、装罐（配料以淡盐水为宜，汤汁浸没玉米笋，温度85℃）—排气（12~15min）—封罐—高压灭菌—成品。甜玉米饮料，把冷冻甜玉米籽粒制成乳状饮料，或将乳汁加进冰棍、雪糕中。

（三）糯玉米的收获

不同的品种最适采收期有差别，主要由“食味”来决定，最佳食味期为最适采收期。一般春播灌浆期气温在30℃左右，采收期以授粉后25~28d为宜；秋播灌浆期气温20℃左右，采收期以授粉后35d左右为宜。用于磨面的籽粒要待完全成熟后收获；利用鲜果穗的，要在乳熟末或蜡熟初期采收。过早采收糯性不够，过迟收缺乏鲜香甜味，只有在最适采收期采收的才能表现出籽粒嫩、皮薄、渣少、味香甜、口感好。

第四节　青贮饲用玉米栽培技术

一、青贮饲用玉米生长发育特点

玉米是禾本科一年生高产作物，青贮玉米与普通籽实玉米的主要特点：

（1）青贮玉米茎叶茂盛，植株高大，在2.5~3.5m，最高可达4m，以生产鲜秸秆、鲜叶片、鲜果穗为主，生物产量可达4 000~7 000kg/亩，较普通玉米高1 000~3 000kg/亩。而籽实玉米则要求植株不宜过高，以产玉米籽实为主。

（2）生长迅速：与普通的玉米相比，具有较强的生长势。

（3）收获期不同，青贮玉米的最佳收获期为籽粒的乳熟末期至蜡熟前期，此时产量最高，营养价值最好；而籽实玉米的收获期必须在完熟期以后。

二、青贮饲用玉米增产技术

（一）耕作制度

青饲青贮玉米对前茬要求不严格，因为青饲青贮玉米的生育期此以收获籽粒目的的玉米短，在气候条件允许的地区可抢时复种。

（二）品种选择

生产上应选用具有强大杂种优势的青饲青贮玉米品种。种用玉米要选择品种纯正、成熟度好、粒大饱满、发芽率高、生命力强的种子，以保证出苗整齐、健壮。

（三）种子处理

播种前用种衣剂或拌种剂处理种子。选择高效低毒无公害、符合 GB 15671 标准的玉米种衣剂，如用 5.4%吡·戊玉米种衣剂包衣，以控制苗期灰飞虱、蚜虫、粗缩病、丝黑穗病和纹枯病等；也可采用 20.3%毒·戊·福、60%吡虫啉悬浮种衣剂拌种，控制苗期灰飞虱，防止粗缩病的传播与危害。药剂拌种，可用戊唑醇、福美双、粉锈宁等药剂防治玉米丝黑穗病；用辛硫磷等药剂拌种，防治地老虎、金针虫、蝼蛄、蛴螬等地下害虫。

（四）合理密植

为了获得最高的饲料产量，青贮玉米的种植密度要高于普通玉米。广泛采用的高产栽培密度：早熟平展型矮秆杂交种 4 000~4 500株/亩；中早熟紧凑型杂交种 5 000~6 000株/亩；中晚熟平展型中秆杂交种 3 500~4 000株/亩；中晚熟紧凑型杂交种 4 000~5 000株/亩。各地区应根据当地的地力、气候、品种等情况具体掌握。

（五）合理施肥

青饲青贮玉米的施肥方法：全部磷钾肥和氮肥总量的 30%用作基肥，播前一次均匀底施；在 3~4 片叶时追施 10%的氮肥，做到施小苗不施大苗，促平衡生长；在拔节后 5~10d 开穴追施 45%~50%氮肥，促进中上部茎叶生长，主攻大穗；在吐丝期追施 10%~15%氮肥防早衰，使后期植株仍保持青绿。

三、青贮饲用玉米收获技术

青贮玉米的适期收获，一般遵循产量和质量均达到最佳的原则。同时考虑品种、气候条件等差异对收割期的影响。处于不同生育时期的玉米营养有所不同，一般玉米绿色体的鲜重以籽粒乳熟期为最重，干物质以蜡熟期为最高，单位面积所产出的饲料单位，以蜡熟期为最高。含水率为 61%~68%时为最佳收获期。如果收割期提前到抽雄后，不仅鲜重产量不高，而且过分鲜嫩的植株由于含水率高，不能满足乳酸菌发酵所需的条件，不利于青贮发酵，过迟收割，玉米植株由于黄叶比例增加，含水率降低，也不利于青贮发酵。

第三章 水稻绿色增产增效技术

第一节 水稻精确定量栽培技术

水稻精确定量栽培技术是凌启鸿等依叶龄进程为主线把水稻生育进程与器官建成诊断定量化，按高产形成规律把群体质量及其动态指标定量化，依据调控措施定量的原理和方法把栽培技术指标全程定量化，进而将这三大部分进行系统集成，创立成为一个能使水稻生育全过程和各项调控技术指标精确化的水稻数字化生产技术体系。

一、适宜播栽期的确定

（一）最佳抽穗结实期的确定

抽穗—成熟期的群体光合生产力决定了水稻的产量，必须把抽穗结实期安排在最佳的气候条件下（称最佳抽穗结实期）才能获得最高的结实率、千粒重和产量。一般粳稻抽穗期日均温 25℃左右时结实率最高，结实—成熟期的日均温 21℃左右时千粒重最高，籼稻的最佳抽穗结实期的温度一般比粳稻高 2℃左右，并在大气湿度高达 80% 以上的南方湿润稻区，注意避开 35~38℃的高温天气，以免造成空瘪粒大量增加而减产。各地应依据当地的气象资料来合理确定。

（二）适宜播栽期的确定

通过播期试验资料，根据品种从播种到最佳抽穗期的天数确定播种期，坚持适期播种，保证在最佳抽穗期抽穗，是投入少、效益大的栽培技术。前茬收割晚的，必要时用长秧龄大苗来保证在最佳抽穗期抽穗。

二、播种量的精确定量

（一）适宜秧龄的确定

适宜秧龄是指适合于移栽的低限叶龄与上限叶龄之间的叶龄范围，此间移栽均能获得高产。总叶龄少的，适龄的幅度小，总叶龄多的，适龄的幅度大。

（1）芽苗移栽适宜叶龄。芽苗移栽（包括二段育秧）的最适叶龄是1.2~1.5叶期。

（2）塑盘穴播和机插小苗移栽适宜秧龄是3~4叶期。

（3）拔秧移栽的适宜秧龄从5叶期起，上限叶龄期以移栽后至有效分蘖临界叶龄期，应有4个（双季稻）或5个以上（单季稻）的叶龄期；旱秧的上限叶龄期为6叶龄。

（二）播种量的精确定量

1. 湿润育秧的播种量

同一品种移栽秧龄大的播量宜小，移栽叶龄小的播量宜大。如汕优3号，6叶期移栽，每亩播量20kg，8叶期移栽，每亩播量10kg；盐粳2号，5叶期移栽，每亩播量60kg，7.4叶期移栽，每亩播量20kg。

2. 旱秧的播种量

旱秧的苗体较小，播量可稍大些，常规粳稻3~4叶龄移栽的塑盘穴播小苗，每亩播量一般为120~150kg；5叶期移栽的中苗，每亩播量90~120kg；6叶龄的秧苗，每亩播量60~90kg。

3. 机插小苗的播种量

常规粳稻3叶龄移栽的1m^2 落谷密度27 000粒，4叶龄移栽

的 $1m^2$ 落谷密度 22 000粒，然后依品种的千粒重计算出 $1m^2$ 的播种量。

三、肥料施用的精确定量

（一）氮、磷、钾肥料合理施用比例的确定

水稻对氮、磷、钾三要素的吸收必须平衡协调，才能取得最大肥效和最高产量，各地可通过“3414”和“3417”试验确定。江苏泰州市试验结果，基础肥力高的土壤，每亩纯氮、磷、钾的合理施用量分别为 17.5kg、5kg 和 8kg，其比例为 1：0.27：0.43；肥力中等土壤，每亩纯氮、磷、钾的合理施用量分别为 18.5kg、5kg 和 8kg，其比例为 1：0.27：0.43；肥力低的土壤，每亩纯氮、磷、钾的合理施用量分别为 25.6kg、5kg 和 8kg，其比例为 1：0.195：0.312。

施肥运筹：氮肥的基蘖肥和穗肥的比例为 6：4。基蘖肥比为 7：3，穗肥倒 4 叶施 70%，倒 2 叶施 30%。磷肥全作基肥施用，钾肥作基肥和拔节肥各占 50%。

（二）氮肥的精确定量

施氮总量的求取，可用斯坦福（Stanford）的差值法求取，其基本公式：

$$\text{达到目标产量的施氮总量}=\frac{\text{目标产量的需氮量}-\text{土壤的供氮量}}{\text{肥料的当季利用率}}$$

公式的实际应用首先要明确目标产量需氮量、土壤供氮量及肥料当季利用率三个参数，确定施氮总量。

1. 目标产量需氮量

可根据每百千克稻谷需氮量计算，江苏测定，常规中晚熟粳稻每百千克稻谷的需氮量：单产每亩 500kg 时为 1.85（1.8~1.9）kg；单产每亩 600kg 时为 2.0（1.9~2.1）kg；单产每亩 700kg 以上时为 2.1kg，杂交粳稻比常规粳稻省肥，只需 1.9kg

左右。籼型杂交水稻每百千克稻谷需氮量比同等产量等级的粳稻低 0.2kg。双季稻在湖南测定，单产每亩 600kg 的双季早稻和晚稻每百千克稻谷需氮量为 1.8kg 左右（1.7~1.9kg）。

2. 土壤供氮量

采用不施氮空白区稻谷产量（基础产量）及其 100kg 稻谷需氮量求得的稻谷吸氮量的方法，反映土壤的综合供氮量。江苏测定，前茬小麦时，水稻基础产量为每亩 400kg，前茬油菜时，水稻基础产量会提高到单产每亩 450kg。

3. 氮素当季利用率

测定氮素当季利用率合理参数的前提：必须以高产田（单产每亩 700kg）的施肥实践为主要测定对象，各项栽培技术都要符合高产栽培的要求。凌启鸿测定明确了在小苗（3.5 叶龄）移栽时，以基蘖肥与穗肥 6：4 时产量最高，氮素的当季利用率也最高（40.9%）；中苗（6.5 叶龄）移栽时，以 5：5 的产量和氮素利用率最高（43.3%）；大苗（9 叶期）移栽时以 4：6的比例时产量和氮素利用率最高（44.5%）。

测定实例：武育粳 3 号单产每亩 711.6kg，每亩施氮总量 16.99kg，基蘖肥和穗肥比例为 5.5 ：4.5，成熟期测定稻株吸氮总量每亩 15.32kg，来自土壤的每亩 7.99kg，来自肥料的为每亩 7.33kg（15.32 − 7.99 = 7.33）。氮肥当季利用率为 43.14%（7.33/16.99）。

（三）精确施氮的几个技术问题

1. 关于基蘖肥施用

（1）基肥和蘖肥的比例　大、中苗移栽的，基肥占基蘖肥总量的 70%~80%，翻入土中，分蘖肥占 20%~30%。机插小苗的，基肥占 20%~30%，分蘖肥占 70%~80%。

（2）施用时间　基肥在移栽前整地时耕（旋）入土中。分蘖肥，中、大苗移栽，于栽后 1 个叶龄（约 5d）施用，机插小苗在栽后第2、第3个叶龄（移栽后10d）施用。

2. 穗肥精确施用的调节

（1）群体适宜，叶色正常　促花肥（倒4叶露尖）施穗肥总量的60%～70%，保花肥（倒2叶出生）施穗肥总量的30%～40%。

（2）群体适宜或较小，叶色落黄较早　应提早到倒5叶施穗肥，穗肥的氮总量要增加10%～15%，倒5、4、2叶3次施用的比例为3∶4∶3。

（3）群体适宜，叶色过深　穗肥一定要推迟到群体叶色落黄时才能施用，且只施1次保花肥，数量也要减少。

（4）群体过大，叶色正常　穗肥仍按原计划在倒4叶及倒2叶施用，数量不能减少。

四、水稻灌水的精确定量

（一）活棵分蘖阶段

1. 大、中苗移栽

大、中苗移栽以浅水灌溉为主，结合2次灌水之间的短期落干、露田通气。

2. 小苗移栽

小苗的苗体较小，叶面蒸发量不大，保持土壤湿润即可，此时主要矛盾是保持土壤通气，促进发根。移栽后一般不宜建立水层，宜采取湿润灌溉，晴日灌薄水，1～2d后落干再上薄水。小苗移栽的化学除草必须在栽前进行。

（二）控制无效分蘖的精确搁田技术

1. 精确确定搁田时间

在N叶抽出时搁田，对N-2叶的分蘖芽的生长影响最大，其次为N-1叶的分蘖芽，对N-3叶的分蘖芽无显著影响。因此，欲控制 N-n+1 叶龄期产生的无效分蘖，合适的搁田时间应提前在 N-n-1 叶龄期，此时当全田茎蘖数达到最后穗数的 70%~90%时开始。

2. 搁田的土壤水势指标

（1）关于土壤水势指标的含义　用土壤含水百分率等指导灌溉，存在不同土壤在相同的土壤含水量时，对水稻产生的生理效应是不同的。为了克服上述的缺点，专家们将土壤水分能量概念——土壤水势应用于水稻精确灌溉技术，土壤水势值所反映的对植株的水分生理效应不受土壤质地的影响。

（2）搁田的土壤水势指标　粳稻：-15（-20~-10）kPa；常规籼稻：-20（-20~-15）kPa（其与沙土、壤土和黏土相应的土壤含水量分别为 3.5%、33%和 47%）；杂交籼稻：-25（-30~20）kPa。搁田持续时间为 5~7d，达到土壤水势指标和叶色落黄为度，如达水势指标而叶色未落黄，应及时上跑马水，并进行第 2 次搁田，达到叶色落黄为止，并多次轻搁，一直延续到拔节前。

（3）N-n-1 叶龄期搁田的迟早，还决定于基蘖肥的比例。基蘖肥比例高的，搁田宜早（茎蘖苗为穗数的 70%时）；基蘖肥比例低的，搁田宜稍迟（茎蘖苗为穗数的 90%）；但迟至全苗（100%时）搁田已达不到控制无效分蘖的目的。

（三）长穗期精确灌溉技术

（1）水稻长穗期需水特点。水稻拔节长穗期是营养生长和生殖生长两旺的时期，群体的蒸腾量猛增，是生理需水最旺盛的时期。同时整个根群向深广两个方向发展，是水稻一生中根系发展的高峰期，又需要土壤通气良好。因此，长穗期应采用浅水层和湿润交替的灌溉方式。

（2）浅湿交替灌溉的土壤水势指标值。长穗期需要灌水的最佳（取得最高产量）低限土壤水势值：粳稻-8~-5kPa 常规籼稻-12～-8kPa；杂交籼稻-15～-12kPa。在上述范围内，地下水位低的和沙土地取上限值，地下水位高的或黏土田取下限值。当土壤水势值达到低限指标值时，就需灌水层2～3cm，待水落干后又至土壤水势低限值时再灌水，如此反复，形成浅水层与湿润交替的灌溉方式。

这种灌溉方式能使土壤板实而不虚浮，有利于防止倒伏。

（四）结实期精确灌溉技术

土壤水势低限值指标：结实期（抽穗至成熟）的灌溉仍为浅湿交替的方式，且土壤水势的低限值较长穗期更低，低限土壤水势指标值：粳稻-15～-10kPa、常规籼稻-20～-15kPa、杂交籼稻-25～-20kPa。

第二节　一季稻高产优质栽培技术

一季（中稻、单季晚稻）稻是我国种植面积最大、分布范围最广的稻作，呈现南籼北粳势态，种植的品种主要是杂交稻和常规粳稻，杂交稻以根系发达，分蘖力强，茎秆粗壮，穗大粒多，增产显著等优势，在水稻生产中发挥着重要作用。然而目前的一季稻生产仍存在某些不足，如产量高而不稳、穗粒结构不太合理，调控措施不当，抗灾避灾能力不强，病虫害防治不力等，严重阻碍产量水平的进一步提高，其必须和栽培技术很好地配套运用，才能发挥更大的增产潜力，得到增产增收的实效。

一、因地制宜选择合适的高产优质品种

（一）根据当地光温条件选择生育期适宜的品种

在光温条件充足的地区，宜选生育期较长的品种（组合），反之则选用生育期较短的品种（组合），总之，选用的品种、组

合生育期应尽量与当地光温条件相当，既能保证水稻正常生长成熟，又不至浪费较多的光热资源。如沿淮及沿江山区宜选择全生育期130d以上的品种组合，江淮地区可选用全生育期135~145d的品种组合，长江以南地区可选用全生育期140~150d以上的品种组合。

（二）根据品种的特点选择适宜的品种

在生育期允许范围内尽量选用增产潜力大，穗大粒多，千粒重较高，耐肥抗倒，抗病、抗虫能力强，抗旱耐涝耐高温的优质品种（组合），以便更好地发挥品种的增产优势。

二、制订合理的产量目标和产量结构，分阶段实现总目标

根据品种、组合的穗粒结构特点，结合当地的生产条件，制订合理的产量目标及产量构成。目标产量是由单位面积穗数、每穗粒数、结实率和千粒重四因素构成的，它们的乘积构成理论产量，四个因素都合适，产量才能最高。一般情况下，单位面积穗数是产量的决定因素，在一定穗数情况下，争取更大的稻穗，提高结实率和千粒重，就能进一步提高产量。单位面积穗数是在移栽后20d左右决定的，穗的大小是在拔节孕穗期决定的，结实率是在孕穗中期至抽穗灌浆前期决定的，千粒重主要是抽穗灌浆期确定的，明确了产量各因素形成时期，采取分步调控措施，就能最终达到预期目标。

中稻单产每亩达650kg以上的目标产量构成大约如下：

多穗型品种产量性状构成为每亩有效穗18万~20万穗，每穗150粒左右，结实率85%以上，千粒重28g左右。

大穗型品种产量性状构成为每亩有效穗15万~16万穗，每穗200粒左右，结实率80%以上，千粒重28~30g。

三、确定最佳播种期

最佳播种期的确定是为了趋利避害，使水稻各个生育阶段都能处于一个相对适宜的环境，能尽量避开高温、冷害等不利因素危害。安排播种期主要考虑抽穗期间的气象因素的影响。首先要保证安全齐穗，要在秋季温度降到23℃（粳稻21℃）以前抽穗，山区更要重视避免“冷风”危害。第二在孕穗至开花灌浆期要有一段晴好天气（30~40d），抽穗开花期对环境敏感，灌浆期要有较多的光合产物，因此要把抽穗扬花期尽可能安排在日均温25~28℃，雨量相对较少的季节。我国大部分地区8月中下旬光温条件较好，是安排抽穗期最佳时期。不可将抽穗期安排在7月底至8月初，此时抽穗会碰到35℃以上持续高温危害，结实率会严重下降而减产。但抽穗期也不宜推迟到9月上旬以后，因为现在推广应用的高产品种，由于穗大粒多，灌浆时间较长，有的超过40d，到9月份气温下降很快，低温会使灌浆速度变慢，成熟期推迟，甚至结实不充实而降低产量和品质。最佳抽穗期确定后，根据选用品种在当地的播始历期（即播种到始穗的天数）向前推算出播种期。生产上应用的一季稻品种，其播始历期多在100d左右（95~105d），以8月10日抽穗向前推算，播种期应在5月2日前后。此时播种育秧，气温较稳定，一般不会出现烂芽、烂秧等现象。山区和北方地区可采取盖膜旱育秧，提前到4月中下旬播种。

四、培育多蘖壮秧

1. 培育多蘖壮秧的作用与标准

多蘖壮秧有多方面的优势，栽后秧苗生根快、返青快、分蘖早，有利于高产群体的建立和大穗的形成，抽穗整齐，成熟一致，有利于抗灾避灾夺高产，干物质积累快、后期干物质向穗部运转效率高；壮秧带蘖多，以蘖带苗，可节省种子，降低成本。壮秧的标准：30~40d 秧龄 6~7 叶龄，单株平均带蘖 2~3 个，45~55d 秧龄，8~10 叶龄，单株平均带蘖 3~4 个，根系发达，根量大，白根多，茎基部宽扁，绿叶数多。

2. 浸种催芽

杂交水稻易发生恶苗病等苗期病害，种子颖壳闭合不严及不闭颖现象较多，引起吸水不均，因此，要做好种子消毒及控制好浸种时间。用 100mg/kg 烯效唑溶液浸种，可有效预防恶苗病等苗期病害，同时有降低苗高并促进分蘖的作用，对培育多蘖壮秧很有好处。而且比使用强氯精安全，农户容易掌握。具体方法是：用 10kg 烯效唑药液浸 7kg 左右的种子，浸 6~8h，捞起沥水 4~6h，反复多次，2d 后取出用清水冲洗后催芽。由于 5 月初气温较高，也可反复多次至种子破胸露白后用清水冲洗晾干播种。常规稻可连续浸种 36~48h 后催芽，也可日浸夜露，反复至破胸露白后备播。

3. 稀播和化控

大幅度降低播种量，使秧苗生长有较大的发展空间和营养面积，是培育多蘖壮秧的基本条件。一般播种量和秧龄与育秧方式有关，秧龄短，播种量可大些，反之播种量应少些，旱育秧苗体小，播种量可大些，湿润育秧则应少些。根据试验和多年生产实践，总结出的播种量：①30d 秧龄。旱育秧 1m^2 苗床播种 75~100g，湿润育育秧每亩播种 12. 5kg。②40~50d 秧龄。旱育秧 1m^2 苗床播种 40~50g，湿润育秧每亩播种 8~10kg。在栽秧时常出现干旱缺水的地区，只好延迟栽插期，或来水时灌深水栽秧，宜采用稀播、长秧龄培育壮秧措施，以防干旱造成秧龄超龄而带来的早穗减产，或深水栽秧而引起小分蘖闷死的损失。播种的关键是要播稀播匀，做到定畦定量播种，先播 80% 的种子，用剩下 20% 的种子补缺补稀。稀播后轻塌谷，使种子三面入土，上盖草木灰或油菜壳或麦壳（旱育秧盖盖种土），有防晒、防雀害及促进扎根等作用。未用烯效唑浸种，可在秧苗 1 叶 1 心期喷多效唑控高促蘖，每亩用 15%多效唑粉剂 200g 对水 100kg 均匀喷雾，喷前排干田水，喷后 1~2d 可上水。对秧龄长达 50d 左右的，可考虑二次化控，即于 4 叶期每亩用 150g 多效唑，再喷 1 次。

4. 肥料管理

湿润育秧，结合整地每亩施腐熟有机肥 1 000~2 000kg、8kg 尿素、30kg 过磷酸钙。做畦面时亩施尿素和氯化钾各 3~5kg。追肥：1 叶 1 心期每亩追 3kg 左右尿素，3~4 叶期每亩追施 5kg 尿素，移栽前 3~5d 每亩追施 5kg 尿素作送嫁肥，送嫁肥要视栽插进度分次施用。如果秧龄在 40d 以上，播种后 20~23d 每亩再追施 5kg 尿素。旱育秧基肥于播种前 10~15d 每亩施尿素 35kg、过磷酸钙 100kg、氯化钾 20kg，与 0~10cm 土层充分混合均匀，追肥：1 叶 1 心期和 2 叶 1 心期，结合浇水，每 1m^2苗床分别追尿素 15g，移栽前 3~5d 追施 1 次送嫁肥，每 1m^2 用 15g 尿素对 100 倍水喷施，喷后用清水冲洗 1 遍，以防烧苗。

5. 水分管理

湿润育秧：3 叶期前保持湿润，畦面不上水，3 叶期后畦面保持浅水不断，以防拔秧困难。在山区丘陵干旱年份，根据情况在适当时期断水让其干旱，等有水栽秧时再上水拔秧，这样以干旱抑制秧苗生长，防止秧苗超龄减产。旱育秧管水原则：如果秧苗早晨叶尖挂露水，中午叶片不卷叶，就不用浇水，否则应立即浇水，并要一次性浇足浇透。下雨时要及时盖膜防雨淋，以防失去旱秧的优势。因为旱秧细胞浓缩在一起，细胞的数量并不减少，一旦水分充足，细胞迅速吸水，体积很快膨大，就形成大苗秧，失去栽后的暴发优势。移栽前一天晚浇透水，以利起秧栽插。

6. 病虫害防治

一季稻秧田期的病虫害主要有恶苗病、稻蓟马、稻飞虱和二化螟等为害，旱育秧还有立枯病为害，要做好及时防治工作。

五、大田施肥、耕作与除草

（一）大田施肥

1. 施肥的原则

有机肥和无机肥相结合，氮、磷、钾肥相结合，为水稻的生长发育提供全面合理的营养。根据一季稻的肥料试验和生产实际，大约每收获 100kg 稻谷，需纯氮 2.0~2.5kg，氮、磷、钾三者比约为 3：1：2.5，其中有机肥占 20%~30%。按此推算，单产每亩 650kg 以上，总施肥量：每亩施 1 000~1 500kg 有机肥或 50kg 饼肥、25~30kg 尿素、40kg 过磷酸钙、20kg 氯化钾。其中基肥每亩施 10kg 左右尿素、10kg 氯化钾、有机肥及磷肥全作基肥，施肥方法是将所需的有机肥和无机肥混合均匀后施到田中再耕翻整地，使全耕作层均有肥料。这种施肥方法也叫做全层施肥法。

2. 增施有机肥的意义

有机肥又叫农家肥，种类繁多，有人、畜、禽粪尿，土杂肥、厩肥、堆肥、沤肥和绿肥等。施用有机肥的意义：①有机肥原料来源广，可以就地取材，就地积制，只花工夫，不需投入多少资金，节省化肥降低生产成本。②有机肥含有多种营养元素，除含氮、磷、钾大量元素外，还含有许多作物所需的中量元素和微量元素，能给水稻提供全面的所需营养，特别是提供微量元素营养。同时能提高稻米的品质和适口性。③有机肥含有机质和腐殖质，能改良土壤结构，协调土壤的水、肥、气、热，增强土壤的通气透水能力和保肥、保水、供肥、供水能力。④有机肥含有生长素、维生素、胡敏酸和氨基酸等有机物质，对水稻营养生理和生物化学过程能起特殊作用，还能提供二氧化碳气体供水稻光合作用之用。⑤有机肥缓冲性大，可缓和土壤酸碱性变化，可清除或减轻盐碱类土壤对水稻的危害。⑥有机肥适用性广，对各类土壤及各种农作物都适用。此外还可以变废为宝，清洁环境，有利改善生态环境，促进农业可持续发展。因此，增施有机肥一直受到人们的重视，近年因增施有机肥比较费工，一些劳力外出多的地区渐渐少用或不用，故应再次强调，以引起重视。

3. 稻草直接还田法的注意事项

稻草还田对水稻生长发育及稻田土壤改良具有特殊作用，且稻草资源较多，值得大力提倡。稻草中含有水稻生长发育所需的氮、磷、钾、硅等大量营养元素和各种微量元素。经测定：一般稻草中含氮 0.57%、磷 0.75%、钾 1.83%、硅 11.0%、有机质 21%。特别是硅、钾含量高，能增加茎叶抗病、抗虫、抗寒、抗旱、抗倒伏能力，促使根系发育健壮，增强其对有害物质的抵抗力。另外，稻草的主要成分是纤维素和半纤维素，碳氮比值大，分解比较缓慢，所以稻草还田有利于积累土壤有机质，对降低土壤容重，增加土壤孔隙度，改善土壤通透性，具有良好作用，特别是对渗透不良的瘠薄土壤，改良效果十分显著。稻草直接还田法要注意以下事项：

（1）先将稻草铡成 10cm 左右，然后匀撒在田面上，再进行耕耙等整地作业，使稻草与土壤充分混合。

（2）稻草还田应在夏秋季收获后即进行效果较好，经过冬春一段时间，稻草有一定程度分解，可减少淹水栽植后的有害气体发生。

（3）稻草还田一次用量不宜太多，一般以每公顷施 4.5t 左右为宜，稻草还田能够形成土壤有机质，可维持土壤有机质含量。如果一次施草量过多，稻草在还原状态下分解时会产生大量有害物质，反而对当季生长的水稻不利。

（4）由于稻草含碳多，含氮少，碳氮比为63：1，稻草施入土壤中，需经过土壤里的微生物食用分解，当土壤中的微生物以稻草为食进行繁殖活动时，稻草中氮元素不能满足微生物自身繁殖的需要，必须从土壤中汲取一部分氮素补充，这样稻草还田后，前期不仅不能给水稻生长提供氮素营养，反而和水稻争夺土壤中的氮素，所以稻草还田后，水稻生长前期要增施氮肥。增氮量一般为每施 1 000kg 稻草，增施 3~5kg 纯氮，折合碳酸氢铵为20~30kg。可按这个比例计算增施氮量作基肥施下，与土壤及稻草充分混匀。

（5）稻草还田的稻田要及时多次落干晾田，排出稻草在分解腐烂过程中产生的有害气体，增加土壤中的氧气，促进根系生长。不要长期淹水，否则会产生有害气体，危害水稻根系，严重时造成黑根烂根，出现僵苗不发，甚至死苗。

4. 稻草堆肥还田法

稻草堆肥还田法就是先把稻草堆制成腐熟的堆肥后，再把它施入大田中。稻草堆肥的制作方法：将稻草铡成 10cm 左右的碎草，再分层堆积，一般堆宽 2m 左右，堆高 1.5m 左右，堆的长度可根据场地形状、面积和稻草的多少而定。先铺一层稻草，厚度 30~40cm，在稻草上撒一层化肥，按每 100kg 稻草撒尿素 0.3~0.5kg，再撒一些粪尿，然后再洒一次水，撒水量以使稻草湿透为准。随后按上述步骤重新进行多次，直至堆高达 1.5m 左右为止。稻草堆好后在稻草上面及四周用沟塘泥封一层。当堆温上升到 40℃左右时，要及时翻堆，促使发酵均匀。

堆肥的天数以 4~6 个星期为好。堆肥时间过短，发酵分解不完全，时间过长，会生成大量硝态氮，施到淹水的稻田里，容易造成氮流失。稻草堆肥还田比其直接还田好，因为稻草发酵腐熟过程中，有害物质被分解，不会对水稻根系产生不良影响，稻草堆肥施入大田后能很快地释放养分供水稻吸收利用，不会产生与水稻争氮现象，促使水稻早生快发。同时稻草在堆内发酵产生的50℃以上的高温，能杀死稻草和粪肥中多种病菌、虫卵和草籽，从而减轻病虫草危害程度。稻草堆肥的施用量可以适当多施，以每次每公顷施7.5～9.0t为宜，既能补充土壤有机质的消耗，又有一定的积累，使地力得到提高。施用方法仍是耕翻前作基肥施下与土壤充分混匀。注意：稻草堆肥生成的速效性氮素容易流失，堆放时最好覆盖好薄膜，防雨水淋失。近年还提倡先将稻草投入沼气池发酵，在生产沼气的同时达到腐熟状态。

（二）大田耕作整地

大田耕作整地的目的是通过犁、耙、耖等各种耕作手段，为水稻的根系生长发育创造一个良好的土壤环境，使水稻栽插后发根迅速，能很快地吸收水分和养分，立苗快，分蘖早，很快地搭成丰产苗架。我国稻作分布范围广，土壤类型众多，大田耕作整地的方法也多。但不管采取哪种方法耕作整地，都要精耕细整，不漏耕，不留死角。要整碎土块，使土层内不暗含大的硬土块。田面要求细软平整，一块田高低相差不超过3cm左右。耕层要深厚，要逐步达到20～30cm。不管是旱耕水整或水耕水整，都要达到上述的标准要求，为水稻的正常生长发育创造一个良好的土壤环境，为夺取优质高产打好基础。

（三）栽插前除草

水稻栽插前除草有很多好处，一是田间施药简单方便，速度快。二是秧苗不与药剂直接接触，能避开或减轻药害。三是能给施药创造最佳条件，有利于提高除草效果。四是把杂草封闭在萌发期，能有效控制危害。所以，在茬口不是太紧张的田块，提倡栽插前防除杂草。栽秧前除草要针对稻田杂草种类，选用高效低毒除草剂或配方，使一次施药达到水稻整个生长期间基本不受杂草危害，且无农药污染，也无残毒影响稻米的品质。栽秧前常用的除草剂及其使用方法：①丁草胺。每亩用

60%丁草胺乳油 125ml，对水 4~5 倍，在整平田面最后一道工序时洒入田间水面，借塌平田面作业使药液分散到整个田面，施药 3~5d 以后栽插。持效期 30~40d，可有效防除田间稗草和其他禾本科杂草及其他一年生杂草和一些阔叶杂草。②农思它。药效期 30~40d，对萌发至三叶期的稗草、牛毛毡、禾茨藻等水生杂草有较高的防效，对扁秆藨草有较强的抑制作用。用量为每亩用 12%农思它乳油 150ml，使用方法同丁草胺。施药后第二天即可栽插。③丁草胺加西草净。该配方对稗草、眼子菜、野慈姑、鸭舌草等阔叶杂草和水绵等均有特效，药效期 35~45d。使用方法是每亩用 60%丁草胺乳油 100ml 加西草净可湿性粉 100g，对水 30kg，保持田水 5~7cm，均匀喷洒，隔 7d 后插秧。④丁草胺加农得时。该配方对稗草、水生阔叶杂草和莎草等有较好的效果，药效期 35~45d。方法是每亩用 60%丁草胺乳油 100ml 加 10%农得时可湿性粉剂 20g 混合，对水 30kg 均匀喷洒，隔 3d 后栽插。

六、适时栽插，合理密植

（一）适时栽插

水稻适时栽插很重要，它与水稻高产、稳产、优质等都有密切的关系。适时栽插要根据气温、苗情、茬口、劳力等情况而定，不能千篇一律。对于北方单季稻区和南方稻区冬闲田或绿肥茬以及山区的冬闲田一季稻，要适时早栽，以栽插小苗为主。适时早栽的优点是有利于增穗增产，春夏之交前早插秧，白天温度较高，夜晚温度低，主茎基部由于受低温刺激能促进低节位分蘖发生，同时有效分蘖期时间较长，有效分蘖多，可确保达到目标穗数。另外由于早插秧，分蘖发生早，营养生长时间长，干物质积累多，有利于大穗形成而增加穗粒数，也有利于提高结实率和抗病抗倒能力。但是，适时早栽有一个基本条件，就是温度适宜，要保证栽后能安全成活。水稻安全成活的最低温度为12.5℃。水稻幼苗生长需求最低温度，粳稻为12℃，籼稻为14℃，但在15℃以下时，水稻生长极为缓慢。杂交籼稻幼苗生长起点温度较高，一般不低于15℃。各地可根据气温稳定通过水稻成活的最低温度确定适宜移栽期。对于多熟制地区油/稻茬或麦/稻茬的一季稻，栽插时期的温度较高，已经不是制约因素，主要应该根据前茬收获期来确定适宜栽期，尽量在极短的时间内栽插完毕，一般不应超过7~10d，一季稻，适宜栽插较长秧龄的多蘖壮秧，秧龄40~45d，叶龄7~8叶，单株带2~3个较大的分蘖。这样的壮苗栽后发根快，能很快地吸收水分和营养而迅速生长。一般不宜在4~5叶龄期移栽，因为这一时期移栽，秧苗单株带的分蘖较小，栽插时很容易埋入烂泥里面造成死蘖，栽后要重新从较高节位上长出分蘖，失去了秧田低节位分蘖获得高产的优势。从上述的情况概括地说，适时栽插，要么栽小苗，3.0~3.5叶移栽，带土浅栽，让低节位的分蘖到大田去出生。要么栽大苗，叶龄6.5叶以上，则可充分利用秧田低节位分蘖大穗的优势而增产。

（二）合理密植

一般来说，随着栽插密度的增加，单位面积的穗数会增多，这有利于提高产量。但是，当单位面积上的穗数增加到一定程度之后，每穗的粒数就随着穗数的增加而明显地减少，每公顷的稻粒数（每公顷穗数×每穗粒数）并不因此而增多甚至反而减少。同样，粒数与结实率之间存在着类似的问题。反之随着栽插密度的降低，每穗粒数和结实率可能会提高，但由于穗数明显减少而导致单位面积的总实粒数减少，造成减产。因此，栽插密度不是以单一产量构成因素的提高为目的，而是使产量构成的各个因素相互协调发展，达到一种最佳组合状态。在产量构成的四个因素中，有效穗是构成产量的最重要的因素，也是其他三个产量构成因素的基础。而有效穗一般是在栽后20d左右就确定，它受栽培密度的影响最大。要建立一个合理的高产群体，必须根据品种（组合）的生理特性和土壤、肥料、气候等条件确定一个合理的栽插密度。

影响栽插密度有很多因素，确定合理密植要从多方面考虑。①水稻的品种（组合）特性。对矮秆品种、株型紧凑、耐肥抗倒、叶片直立、群体透光好的品种，可适当栽插密些；对株型松散、叶片披软、稻穗大、分蘖力强的品种要栽插稀些，一般杂交稻的杂种优势之一是分蘖力强，应比常规稻栽插稀些。籼稻分蘖力比粳稻强，应栽插稀些。②生育期。一般生育期短的，分蘖时间也较短，分蘖成穗少，要栽插密些，反之则栽插稀些。③土壤条件。一般在土壤肥力较高，施肥较多时，应适当减少栽插苗数，反之则增加栽插密度。至今为止，水稻产量构成因素的最佳组合状态仍然只能通过大量的生产实践来确定，也就是说靠一些经验数据。随着品种（组合）的更新和栽培技术的进步，产量构成因素的最佳组合状态也发生一定的变化，不同类型品种（组合）栽插的基本苗不一样。如何确定基本苗数，要根据品种（组合）的高产穗粒结构中的有效穗数多少和该品种（组合）的单株分蘖成穗数来确定。一般情况下，杂交中稻30d 秧龄，每穴栽 3～4 蘖苗，50d 秧龄，每穴栽 5～6 蘖苗，约能成穗 10 个左右。反过来推算，单产每亩 600kg 目标的穗粒结构，多穗型品种的有效穗要达到 18 万～20 万穗，大穗型的品种要达 15 万～16 万穗，那么多穗型组合每亩基本苗在 7.5 万～9.0 万茎，大穗型在 6.0 万～7.5 万茎。秧龄越长基本苗越多。

（三）栽插方式

水稻产量要素的构成，首先决定于移栽的基本苗数，在基本苗大致相近的情况下，由于栽插的行株距规格不同，从而形成不同的生态小环境，如植株间的光照和湿度，通风条件和植株的营养，这些条件的改变也会对产量要素的构成产生一定的影响。我国水稻栽插的行株距配置方式要有三种：一种是等行株距正方形，一种是宽行窄株的长方形方式，第三种是宽窄行相间，株距不变的宽窄行方式。实践表明，采取宽行窄株栽插有明显的增产作用，它是改善光能利用、调节群体和个体矛盾的有效手段。其增产原因有三点：①有利于解决穗多与粒少的矛盾，能在较高的穗数上提高每穗粒数；②宽行窄株提高了群体中个体间的整齐度，易取得高产；③有利于解决密植易倒伏和易生病虫害的矛盾。宽行窄株地上部第一、二节间长度比同密度的要短，且通风透光条件改善，所以较抗倒伏，纹枯病较轻。另外要注意栽插的方向，一般东西行向优于南北行向。它的优点主要表现在：第一是改善了稻株的受光状态，东西行向与太阳开、降光线平行，植株间遮光影响小，受光照时间长，提高了光合效率。第二是改善了田间小气候，由于阳光射入较多，透光时间长，有利于稻田水温和气温的提高，促进了稻株的生长发育。由于通风透光好，水分蒸发快，傍晚后温度下降也快，扩大了昼夜的温差，有利于干物质的积累，同时也降低了田间相对湿度，有利于病虫害的控制。一季稻一般栽插密度为 13.3cm×30cm 或 16.5cm×5cm，每穴栽插 4～5 蘖苗。尽量采用东西行向。

（四）提高栽插质量

水稻生产中的栽插质量对秧苗生根、返青的快慢、分蘖的早迟、产量的高低等都有很大的影响，要注意浅、直、匀、稳地栽插。浅插的好处：①能使发根节处于地温较高的浅土层，有利于根系的营养吸收和生长发育。如 5 月地表 1cm 比地下 5cm 在晴天中午的温度要高 2～3℃，根系生长最适宜温度是 32℃，可见浅插对生根有利。②能促进分蘖发生，这是因为分蘖的发生与昼夜水温温差有关，温差较大，分蘖发生节位低、数目也多。由于地表温差比地下大，所以浅插有利于分蘖发生。③有利于提高光能利用率，浅插由于使植株呈扇状散开，能截获更多的光能，提高了水稻前期生长的光能利用。因此浅插是提高栽插质量的重要环节。其次要减轻植伤，利于水稻早活棵、早返青和早分蘖。早出生的分蘖穗总粒数和成熟粒数多。有的甚至比主茎穗还要多，这对提高产量有重要作用。减轻植伤的措施主要有培育健壮的秧苗，拔秧时尽量减少根的植伤和利用小苗带土移栽等。另外要求插直、插匀、插稳，抹平田间脚印、不浮秧倒苗，不缺株少穴，这都关系到合理密植的规格是否得到保证，能否争取到预计的有效穗数，是否有利于个体和群体的协调发展。同时要求现拔（秧）现栽，或上午拔下午栽，不栽中午烈日秧，不栽隔夜秧，防止烈日晒焦秧叶而影响秧苗活力。

第三节　双季稻高产优质栽培技术

双季稻主要分布在江淮地区南部、沿江江南和华中华南地区。近年来，随着耕地的减少，人口的增长，国家对粮价的保护以及优质高产的双季早、晚稻新品种（组合）的不断育成应用，种植面积又有所扩大，双季稻仍将是我国水稻生产的重要组成部分。

一、双季早稻高产栽培技术

（一）选用高产良种，建立合理的高产群体穗粒结构

1. 选用配套良种

选用早稻品种，不仅要考虑早稻高产，还要兼顾晚稻也能高产，早晚稻品种搭配好，全年生产大丰收就可能实现。早稻品种（组合）的选用，以最近几年来新育成的品种为主，除了高产、抗病虫和抗逆性较强外，重点是生育期的长短，双季稻北缘地区，要选用早、中熟的良种或杂交组合为主，全生育期105~110d，最长不超过115d，要求早熟品种能在7月20日前成熟，迟熟品种在7月底前成熟。农民要根据各自的稻田面积、

劳力、茬口等情况，确定早、中熟品种的比例。对中、晚熟品种（组合），要适当提早播种，用薄膜保温旱育秧，适当延长秧龄，促进早成熟、早让茬。南方双季稻区宜选用中、晚熟品种或杂交组合，同样采用薄膜保温旱育秧，提早10d左右播种，适当延长秧龄，促进早成熟早让茬。

2. 早稻单产每亩500kg以上的穗粒结构

品种选好后，要依据稻穗大小及其他特性，建立与品种相应的高产穗粒结构作为生产目标是水稻高产栽培的重要环节。种植的早稻品种（组合），按其穗粒数多少，可分成大、中、小三种类型的稻穗，各自的高产结构组成各有差异。大穗型品种（组合）的穗粒结构：每亩有效穗20万~22万穗，每穗120~130粒，结实率85%左右，千粒重23~26g。中等穗型品种（组合）的穗粒结构为：每亩有效穗23万~25万穗，每穗100~110粒，结实率85%~90%，千粒重24~26g。小穗型品种（组合）的穗粒结构：每亩有效穗27万~29万穗，每穗80~90粒，结实率85%~90%，千粒重25~28g。

（二）培育壮秧技术

水稻育秧移栽历史已有1 800多年，育秧方式多种多样，以水的管理情况划分，有水育秧、湿润育秧和旱育秧三种。以温度管理来划分，有保温育秧和常温育秧两种方式。由水分及温度管理方式而衍生的育秧方式更多，有水播水育、湿播湿育、旱播湿育、旱播旱育、薄膜覆盖湿润育苗、薄膜覆盖旱播旱育等许多种。早稻的育秧方式经由水育秧、湿润育秧、薄膜覆盖湿润育秧到旱育秧的发展过程，现在生产上以薄膜覆盖旱育秧和湿润育秧为主要方式培育多蘖壮秧。

1. 播栽期的合理确定

播种与栽插的日期，在早稻的高产栽培中显得很重要，要求也高，必须抓紧季节，不误农时。早稻的最早播种期，要与幼苗生长要求的最低温度14℃（籼）相适应，也就是当苗床温度稳定达到14℃以上时播种才能保证秧苗的正常生长，我国双季稻北缘地区达到此温度的日期为4月10日左右，若要在此日期前播种，要采取保温措施，如覆盖薄膜方可。最迟播种期要根据品种（组合）的播始历期来确定，确保6月底前能抽穗，抽穗过迟易受高温危害，并且成熟过晚会影响双晚的高产。播栽期的安排，主要根据茬口来确定：一般冬闲田或接花草茬，可在3月20—25日播种，4月25—30日移栽，秧龄30—40d；接白菜型油菜茬，4月5—10日播种，5月15—20日移栽，秧龄35~45d；南方早稻可根据当地气温条件适当提前播种。

2. 播种量

试验研究结果表明，早稻每亩单产500kg以上湿润育秧的秧田每亩播种量为：常规稻25~30kg，杂交稻15.0~17.5kg，秧本田比为1：(6~7)，薄膜旱育秧1m^{2}播种75~100g，秧龄可长达40~45d。这样大幅度降低了播种量，节省一半以上的用种量。

3. 浸种与催芽

由于早春气温低，早稻的浸种与催芽容易发生问题，是生产上必须重视的环节。浸种前晒种1~2d，晒种能促进种子内酶的活性，提高胚的生活力，同时提高种皮的通透性，增强吸水能力，提高发芽率。而且晒种还有杀菌防病的作用。晒种时要注意薄摊、勤翻、晒匀晒透，防止破壳断粒。晒种后要对常规种子进行泥水或盐水选种，清除秕谷、病谷和杂草种子，提高种子整体质量。

浸种与消毒一般同时进行，浸种是为了让种子吸足发芽所需要的水分，使种子发芽整齐一致。消毒是预防由种子而传播的病虫害，如稻瘟病、白叶枯病、恶苗病、细菌性条斑病及干尖线虫等。常用的浸种消毒方法有以下几种：①用1%的石灰水浸种，常规早稻连续浸种3d左右，杂交早稻浸种1~2d。注意用石灰水浸种，水面要高出种子13~15cm，浸种期间不要搅动，不要破坏水面上结的一层膜，其作用就是靠这一层薄膜隔绝空气而杀死某些病菌虫卵的。②用400倍强氯精药液浸种12h后，用清水洗净后再继续浸种，可防治恶苗病。③用浸种灵浸种，如用25%浸宝2ml加水4kg，浸种3kg，浸种后不必淘洗，可直接催芽。④用烯效唑浸种，有降低苗高、促进分蘖、预防恶苗病及苗期病害的作用，烯效唑浓度为1kg溶液含100ml纯烯效唑，10kg药液浸7kg种子，浸种3d左右，用清水冲洗后催芽。

催芽是通过人工控制温度、湿度和空气，促进种胚萌动，长出根芽，使根芽整齐健壮，有利于扎根立苗，提高成秧率。催芽的方法很多，有地窖催芽、草堆催芽、箩筐催芽等，早稻催芽关键要掌握好保温催白、适温催根、保湿催芽和摊晾炼芽四个环节。①保温催白。从开始催芽到露白阶段。发芽的最低温度是10~12℃，最适温度是31~32℃，此期主要任务是保持稻谷在最适温度下破胸露白。方法是将吸足水分的种子清洗干净后，用45℃左右的温水淘种，趁热上堆，保持谷堆35℃左右，上下四周用保温材料围封起来。如果露白前温度低于30℃，要用35℃左右温水淋种保温。如果水分过多，不透气，会使种谷“发酵”，谷表发黏，有酒精味，这时要将种谷放在30℃左右的温水中漂洗干净后再进行催芽。上堆催芽时间可安排在17：00左右，这样夜间不需检查，不会发生温度过高烧芽现象，待第二天白天检查是否破胸露白及其他处理比较方便。少量种子催芽可用布包起来，放到草堆中心保温催芽，不宜放在不透气的塑料袋内催芽。②适温催根。露白前2~3h，从所谓的破胸开始，稻谷呼吸作用急剧增强，大量放热，谷堆温度容易上升到40℃以上而发生“烧芽”，这是个危险时期，要特别注意勤检查，及时翻堆散热，若温度过高，可结合翻堆淋30℃温水降温，保持温度30~32℃，10h左右大多数根长达3~4mm。③保湿催芽。

齐根后适当控制长根，促进芽的生长，使根芽协调生长，达到根短芽壮。根据“干长根、湿长芽”的原理，主要措施是淋25℃左右的温水及翻堆散热，并把大堆分小，厚堆摊薄。④摊晾炼芽，待芽长达半粒谷长时，要起堆摊放在室内12~24h，谷层厚度10cm左右，并喷冷水炼芽，增加谷粒的抗寒能力。如遇阴雨天不能播种，则继续摊开摊薄，每天淋2~3次冷水，保持芽谷湿润，防止干芽，待天晴播种。

4. 湿润育秧技术

（1）秧田整做与施肥。湿润育秧的秧田应选择土质松软肥沃、排灌方便、距离大田较近的田块。秧田年前耕翻冻垡，播种前10d左右施基肥，每亩施腐熟有机肥或人畜粪1 000~2 000kg、8kg尿素或25kg碳铵、30kg过磷酸钙，施后耕翻，耙碎耙平。播种前1d，排水开沟做畦，每亩面施尿素和氯化钾各3~5kg，与表土充分混匀。畦面宽1.5m，沟宽20cm左右，沟深15cm左右。畦面要求平、软、细，无外露的稻根、草，表层有浮泥，下层也较软，但不糊烂，以利透气和渗水。

（2）播种。由于早春气温和地温均较低，陷入泥土里的种子容易烂芽烂种，一定要等表土沉实后才能播种。播种要根据确定好的播种量，分畦定量播种，重在播匀，才能得到整齐一致的壮苗。播种后进行轻塌谷，使种子平躺贴土，有一面露在外表，塌谷有保温、抗旱、防冻害作用。塌谷后用浸湿过的草木灰或油菜壳、麦壳等物覆盖，以盖没种子为度。覆盖有防晒、防雀害及促进扎根等作用。早播的要搭弓盖薄膜，要抢冷尾暖头的晴天播种，遇阴雨天可晾芽2~3d等晴天播种。播种后遇雨不要灌水护芽，敞开田块口任由雨淋不让畦面积水，稻芽有一定的抗寒能力。以往播后遇阴雨天常灌深水护芽，由于缺氧反而容易造成烂芽烂秧。

（3）秧田的肥料管理。秧田的肥料追施，应从保持秧苗稳健生长为标准，通常要注意施好离乳肥、接力肥和起身肥三个环节。

秧苗长到3叶期，胚乳所含氮素营养已经消耗尽，就要靠根系吸收秧田里氮素生长，如果缺氮，秧苗植株含氮量低于3.5%时，就不会产生分蘖。为了培育带蘖壮秧，需要及时追施离乳肥和接力肥，接力肥要根据秧龄的大小，确定施用次数。由于施肥到供肥有一个过程，离乳肥应在1叶1心期施用，一般每亩施尿素3kg左右。接力肥可在3~4叶期施用，每亩施5kg尿素。如果秧龄超过40d，可在播种后20~23d再追施1次。施用起身肥能促进移栽后早发根、快发根，缩短返青期。起身肥在移栽前3~5d施用，要根据栽插进度分批分次追施，以保持叶片转色但不柔嫩。起身肥每亩仍按5kg尿素追施。

（4）秧田的水分管理。早稻湿润育秧的秧田水分管理容易掌握，一般秧苗3.5叶期前保持畦面湿润，不建立水层，即使遇上低温阴雨连绵的天气也不要上水护苗，否则会引起烂芽死苗或出生弱苗。晴天有时畦面晒开小裂也不要急于上水，畦面太干时可于傍晚灌跑马水。这样有利于秧苗扎根和根系生长，还可提高早稻秧田温度，促进幼苗生长。3.5叶期后，畦面保持浅水层不间断，以免造成移栽时拔秧困难。

5. 旱育秧技术

（1）秧田整做与培肥。旱育苗床应选择土壤肥力高、地势高爽、排灌方便的庭院地、菜园地、旱地做苗床，旱地苗床需培肥，秋收让茬后，每亩施1 500kg切碎的稻、麦草，分两次施入耕层，播种前30d以前进行床土调酸，当pH值为6.5、7.2、8.0时，每1m^2分别施硫黄粉75g、100g、150g，与0~10cm床土充分混合均匀，施后土干时应立即浇1次水。播种前10~15d，多次耕耙耖平，做到畦面平整、土碎、无碎石、无杂草，每1m^2施腐熟有机肥8~10kg、尿素30g、过磷酸钙150g、硫酸锌3g、氯化钾30g，与苗床5cm表土混合均匀。苗床规格：畦宽1.2~1.4m，长10m左右，畦高15~20cm，沟宽40~50cm。

播种前每 $1m^2$ 苗床用 70%敌克松粉 3g 对水 2.4kg 于早晨或傍晚喷施防立枯病。

（2）播种。播种前每 $1m^2$ 浇水 3~5L，使 15cm 表土层湿透，未用烯效唑浸种的可用水稻“旱育保姆”拌种，按畦定量匀播。播后镇压，使种子三面贴土，覆盖上盖种土，喷除草剂，最后架弓盖膜或平铺薄膜。

（3）苗床管理。控温：保持温度 30~32℃，温度过高时要注意通风降温。1 叶 1 心后保持温度 25~28℃，3 叶期后逐渐加大通风口炼苗，使苗逐渐适应外界环境。中稻秧齐苗时于傍晚揭去薄膜并浇透水。追肥：2 叶 1 心期和移栽前 3~5d 各追施 1 次尿素，每次追施尿素 20g 对水 2.5kg 喷施，喷后立即用清水冲洗 1 遍。

（4）管水。早晨叶尖不挂水珠，中午卷叶，表示缺水，浇 1 次透水，否则不需浇水。

（5）除草。1.5~2.0 叶期，$1m^2$ 用 20%敌稗乳油 1.2ml 加 48%苯达松水剂 0.17ml 对水 40g 喷雾。

（三）大田耕作施肥与栽插

1. 大田耕作整地

大田耕作整地有两种方式，一是水耕水整，二是旱耕水整，耕前施好基肥，先施肥后耕翻。大田整地要达到如下标准：精耕细整，耕层深度 20cm 左右，不漏耕，要耙碎土块，使土层内不暗含大的硬土块，田面要细软平整，同一块田高低相差不超过 3cm。为水稻的生长发育创造一个良好的土壤环境。

2. 大田施肥

一般单产每亩 500kg 左右稻谷，需施 10~12kg 纯氮，单产每亩 600kg 以上的稻谷，需施 13~15kg 纯氮。氮、磷、钾之比约为 3∶1∶2.5，其中有机肥占 20%~30%。早稻的基肥、蘖肥与穗肥的比例约为 5∶3∶2 或 4∶3∶3。具体来说，单产每亩

500kg 以上的早稻，每亩施肥总量：有机肥 1 000kg 左右、尿素 20~25kg、过磷酸钙 25~30kg、氯化钾 10~15kg，其中基肥 10kg 尿素和 7~10kg 氯化钾，缺锌的田施 1~2kg 硫酸锌。有机肥及磷肥全作基肥。基肥施用方法：将所要施的有机肥和无机肥（氮、磷、钾、锌）混合均匀后再撒施到大田中，紧接着耕翻整地。

3. 合理密植

合理密植要根据水稻品种（组合）的最佳单位面积穗数来确定基本苗的多少。至今为止，水稻不同品种（组合）的最佳单位面积穗数，仍然只能通过大量的生产实践来确定，也就是说靠一些经验数据。从近年来早稻试验分析及生产调查可知，早稻的有效穗约是基本苗的 2 倍左右，这样就可以根据不同品种（组合）的最佳有效穗推算出应该栽插多少基本苗。一般大穗型、中穗型和多穗型早稻，它们的高产每亩穗数分别是 20 万~22 万穗、24 万~26 万穗和 27 万~29 万穗，由此可知它们相应的每亩基本苗应是 10 万茎、12 万茎和 14 万茎左右为宜。

一般大穗型早稻，按 13. 3cm×23. 3cm 规格栽插，每穴栽 5 蘖苗左右（包括分蘖苗在内，下同），中穗型品种，按 13. 3cm×20cm 规格栽插，每穴栽 4. 5 蘖苗左右，多穗型品种，按 10cm×20cm 规格栽插，每穴栽 4. 3 蘖苗左右。

4. 提高栽插质量

水稻生产中的栽插质量的好坏对秧苗生根、返青的快慢、分蘖出生的早迟以及产量的高低都有很大的影响，要注意浅、直、匀、稳地栽插。

二、双季晚籼高产栽培技术

（一）双季晚籼的生产特点

双季晚籼主要分布在长江以南地区，种植的品种以杂交籼稻组合为主，早期种植的有汕优 64 和协优 64 等。现在种植的有丰源优299、淦鑫688、皖稻199号、T优272等。双季晚籼生产期间，气温是由高向低逐渐下降的，育秧期间温度高，催芽容易，很少有烂芽、烂秧现象出现，但秧苗容易徒长，移栽期间遇全年最高温阶段，秧叶易被晒焦，生产上要做好防徒长和避高温工作。抽穗灌浆期温度下降快，灌浆速度慢，有利于优质稻米生产，但易受寒露风危害而出现“翘穗头”，结实下降或不结实。为了确保安全抽穗，正常受精结实，根据历年气温情况，双季稻北缘地区确定晚籼的安全齐穗期为9月10日左右。

双季晚籼生长季节短，由于受前茬早稻让茬早迟的限制和安全齐穗期的制约，一般6月15—20日播种，到9月10日齐穗，播始历期80~85d，品种（组合）的全生育期110~125d。选用品种时要注意选用生育期适宜的高产优质品种，南方可选用生育期稍长的品种组合。

双季晚籼生长期间，病虫害发生频繁，要密切注意，及时防治。

（二）选用高产杂交组合，确立合理可行的高产群体结构

1. 选用高产品种组合

选用熟期相宜的晚稻高产品种或杂交组合，要根据早稻成熟收割期确定，早稻让茬早的则选生育期较长的高产品种组合，早稻让茬晚的则选生育期较短的品种组合。一般选用全生育期110~125d的籼杂组合。另外要注意选用抗病抗虫性强，抗逆性好，米质优的高产品种（组合）。

2. 晚籼单产500kg/亩以上的穗粒结构

双季晚籼生产上的不同品种（组合），其稻穗的大小在100~150粒，以此分类建立的单产每亩500kg以上的穗粒结构目标。大穗型品种（组合）的高产群体：每亩有效穗20万~22万穗，每穗140~150粒，结实率80%~90%，千粒重25~27g。

小穗型品种（组合）的穗粒结构：每亩有效穗24万~26万穗，每穗90~110粒，结实率80%~90%，千粒重26~28g。

（三）培育壮秧技术

1. 播栽期的确定

双季稻北缘地区的双晚生产对播栽期要求严格，必须确保所选用的双季晚籼品种（组合）能在安全齐穗期（9月10日）齐穗，那么始穗期在9月5日左右，可以根据双季晚籼品种（组合）的播始历期向前推算，双季晚籼稻的播种期在6月15—25日。播种期确定之后，根据早稻的让茬期确定晚稻的移栽期，一般在7月15—25日移栽，秧龄30~35d。

2. 播种量

晚稻育秧正处于高温快速生长阶段，播种量要比早、中稻降低。晚稻单产每亩500kg以上的湿润育秧每亩播种量：常规品种20kg左右，杂交稻10kg左右。秧龄可长至35d左右，秧本田比为1∶(6~8)。

3. 浸种与催芽

浸种前的晒种、选种与早稻相同。由于6月中旬温度较高，浸种时种子吸水快，浸种时间不可长，杂交籼稻间隔浸种24~36h，常规稻浸种36~48h，并要每天换1次水。为预防恶苗病和秧苗徒长，可用烯效唑液浸种。单独预防恶苗病，可用400倍强氯精药液浸种或用浸种灵浸种。双季晚籼催芽容易，因为气温高，可采取日浸夜露的办法，直至破胸出芽。注意双季晚籼催芽不宜长，一般破胸露白即可播种，也有农户只浸种不催芽，直接播种。

4. 秧田整做与施肥

双晚秧田除有专用秧田外，还可选择土质松软肥沃，排灌方便，距大田较近的油菜茬或麦茬做秧田，湿润育秧的秧田整做同早稻秧田。每亩施基肥量：腐熟的人畜粪1 000kg、10kg尿素、25kg过磷酸钙、5kg氯化钾，化肥混合后均匀撒施。播种前1d排水开沟做畦，浮泥沉实后播种。

5. 播种

根据确定好的播种量和播种面积，分畦定量播种，先播总种量的70%~80%，剩下的补缺补稀，先播后补，重在播匀。双季晚籼播种由于温度高，蒸发量大，表土容易干燥，播种后要重塌谷，使种子基本埋到泥里，但也不可过深，表面尚能见到种子为宜。塌谷后用麦壳或菜籽壳覆盖，有防晒、防雀害及促进生根作用。

6. 秧田管理

秧田期要做好肥水病虫害管理和防徒长管理，培育健壮无损伤活力强的秧苗。秧田要追好离乳肥、接力肥和起身肥：秧苗1叶1心期，每亩施离乳肥4kg左右的尿素，3叶期每亩施接力肥5kg尿素，移栽前3~4d每亩追施起身肥5kg尿素。起身肥要根据栽插进度分次追施。管水：双晚湿润育秧，由于温度高秧苗长得快，畦面淹水比早稻早，一般3叶期前保持畦面湿润，3叶期后保持畦面浅水不断。控苗：双晚秧苗容易徒长，如未用烯效唑浸种的，要在秧苗1叶1心期喷多效唑控高促蘖，每亩秧田用200g15%的多效唑粉剂，对水100kg对秧苗均匀喷雾，喷药前要排干水，注意匀喷，不漏喷也不能重喷，重喷易产生药害，秧苗长不起来。一旦发现药害，立即施用速效氮肥恢复。双季晚籼秧病虫害多，注意稻瘟病、白叶枯病、稻蓟马、螟虫等病虫的危害，一旦发现，立即用药防治。除草，播后2~3d，每亩用高效广谱除草剂“直播清”40~60g，对水40kg均匀喷雾，施药后保持沟有水，畦面湿润。

（四）本田栽插及管理

1. 施足基肥

杂交晚籼吸收氮磷量不比常规品种高，吸钾量则显著增加。单产每亩 500kg 稻谷，常规品种吸收纯氮 10.0~12.5kg、五氧化二磷 4~6kg、氯化钾 10~15kg，而杂交稻吸收纯氮 10kg 左右、五氧化二磷 5kg 左右、氯化钾 17kg 左右，因此杂交晚籼要注意增施钾肥。在生产中，一般中等肥力的田块，每亩施尿素 25kg、4 级过磷酸钙 40kg、氯化钾 20kg、菜籽饼 40kg。高肥力田块，每亩施尿素 20kg、4 级过磷酸钙 25kg、氯化钾 15kg、菜籽饼 35kg。由于双晚同早籼一样，本田营养生长期短，为发足穗数，前期肥料要足。一般施基肥量：尿素和钾肥各施总量的 40%和 50%，磷肥和菜籽饼（或其他有机肥）全部于耕翻前一次施下，施后紧接着耕播整地。

2. 合理密植

前面确定的群体结构要求，大穗型品种（组合）每亩有效穗 20 万~22 万穗，小穗型品种（组合）每亩有效穗 24 万~26 万穗。根据试验研究，每亩要达 20 万~22 万穗，基本苗要栽 7.5 万~8.0 万茎；要达到 24 万~26 万穗，基本苗要栽 9 万~10 万茎。小穗型组合按 13.3cm×20.0cm 规格栽插，每穴栽 4 蘖苗。大穗型组合按 13.3cm×23.3cm 规格栽插，每穴栽 3.7 苗左右。要提高栽插质量，做到浅、直、匀、稳地栽插，不浮秧倒苗，不缺株少穴。

3. 适时追肥

双季晚籼约在 8 月上旬进入幼穗分化，移栽后有效营养生长期不长，需促早发争大穗，栽后 5d 追施返青促蘖肥，每亩追施尿素 7.5kg，拔节期每亩追尿素 3kg、氯化钾 5kg，当幼穗分化长度达 1：0~1.5cm 时，每亩追施尿素 5.0kg、氯化钾 3kg，齐穗后根据苗情酌量叶面喷施磷酸二氢钾和尿素溶液，防早衰，促灌浆结实。

薄湿水管双季晚籼分蘖期温度高，肥料分解快，淹水时易产生有毒物质，危害幼苗生长和分蘖，管水以薄露湿润灌溉为主，当每穴茎蘖苗达10苗左右开始晒田，多次轻晒，晒到分蘖不再上升为止，转入湿润灌溉，直到抽穗开花期的前半个月或病虫害防治期保持3cm左右浅水层，灌浆后期也是干干湿湿，注意不要过早断水，一般以收获前5~7d断水为宜。

4. 病虫害综合防治

双晚温度高，湿度大，病虫害容易发生和蔓延，要加强综合防治力度。在采取的农业防治、物理防治、生物及生物药剂防治的综合控制下，对病虫重发田块采取必要的化学药剂防治。双季晚稻主要病害有恶苗病、稻瘟病、白叶枯病、纹枯病和稻曲病，主要的虫害有稻蓟马、稻纵卷叶螟、二化螟、三化螟和稻飞虱等，要及时做好防治。用浸种灵、强氯精、烯效唑等药剂浸种可预防恶苗病，田间发现恶苗病株要及时拔除。稻瘟病可每亩用20%三环唑粉剂100~130g或40%富士1号乳剂75~100g，对水50kg喷雾防治。白叶枯病可用20%叶青双600倍液或10%叶枯净300~500倍液喷洒，每次每亩喷施药液量为50~75kg。纹枯病每亩可用20%井冈霉素100g或50%多菌灵100g对50kg水喷雾，从分蘖末期到抽穗喷2~3次。稻曲病每亩可用50%多菌灵100~150g或20%粉锈宁乳剂40~50ml对水50~75kg于抽穗前15d喷1次，抽穗前7d再喷1次预防。稻飞虱可每亩用10%吡虫啉40~50g或25%扑虱灵50g等对水50~75kg喷洒植株的中、下部。其他虫害可用杀虫双、杀虫单、三唑磷、康宽等农药防治。

三、双季晚粳高产栽培技术

（一）双季晚粳的生产特点

双季晚粳主要分布在双季稻北缘地区的江淮南部，沿江江南地区也有种植，而且面积仍在逐年扩大。由于粳稻比籼稻抽穗灌浆期更耐低温（一般比籼稻低2℃），此地种植粳稻比种植籼稻更加安全保收，粳稻的安全齐穗期是9月20日，比籼稻晚10d左右。随着沪宁杭地区对优质粳稻的市场需求不断增长，双季晚粳已在双季稻区广泛种植，经济效益比晚籼更高。种植的晚粳品种有晚粳M002、宁粳3号、皖垦糯1号等。近几年来由于地球变暖，一些感光性中粳品种也在部分地区作双晚品种种植，如武运粳7号等。双季晚粳单产高的超过每亩600kg，已超过双季早稻的产量水平。双季晚粳米品质好，比晚籼和中粳米品质都好，售价高，经济效益好，种植面积趋于扩大。

双季晚粳一般在6月20日至6月底播种，7月中下旬移栽，育秧期间温度高，且温度是上升的，秧苗生长快，易出现徒长。栽秧是全年最热的时候，劳动强度大，也是最辛苦的季节。8月下旬后，温度逐渐下降，9月下旬后常遇寒露风危害。晚粳的播始历期80~90d，全生育期130d左右。选用品种要注意早、晚熟品种搭配，在生长期允许的条件下尽量选用生育期稍长的增产潜力大的高产稳产品种（组合）。育秧上要注意稀播匀播和化控培育多蘖壮秧和防秧苗徒长，移栽时尽量避免心叶被晒焦，生长期间要加强病虫害防治工作，尤其混杂单晚的双季稻区更要加强防治。

（二）选用高产优质、生育期适宜的晚粳品种和杂交组合

1. 选用优质高产品种（组合）

选用双季晚粳品种（组合），要考虑面向市场。双季稻区生产的晚粳稻，绝大部分卖向外地，由于本地人以早稻为主粮，因此，首先要选用高产、品质优的品种，才能卖出好价格，实现高效益。其次要考虑生育期是否合适，接早茬选用130d左右生育期的品种，接迟茬选用120~125d生育期的品种。另外要注意选用抗病、抗虫性强、抗逆性好的品种（组合），有利于无公

害生产，有利于食品安全和提高效益。

2. 建立合理的高产群体结构

双季晚粳生产上的品种（组合），大穗型每穗130~140粒，小穗型每穗80~90粒，千粒重多在22~26g。建立单产每亩550kg以上产量目标的群体穗粒结构：大穗型品种每亩有效穗22万~23万穗，每穗130~135粒，结实率80%~85%，千粒重25~26g。小穗型品种：每亩有效穗32万~34万穗，每穗80~90粒，结实率85%~90%，千粒重25~26g。以上穗粒结构中，对千粒重低的小粒型品种，如千粒重在25g以下的品种，可以根据千粒重大小调整单位面积有效穗，制订高产目标。

（三）培育壮秧技术

1. 播栽期

播种期在6月17—27日。移栽期主要看前茬早稻让茬早晚决定，一般应在7月底前栽插完毕，不栽8月秧，以7月25日前栽插效果较好。

2. 播种量

晚粳常规品种及杂交组合由于分蘖力不如籼稻，大田用种量较多，双季晚粳杂交稻每亩用种量达2.5kg左右，因而播种量要稍多些。一般单产550kg/亩产量水平的湿润育秧的每亩播种量：常规粳稻品种25kg左右，杂交粳稻15kg左右，秧本田比为1∶(6~7)。

3. 浸种与催芽

粳稻吸水速度比籼稻慢，浸种时间可适当延长些。一般常规晚粳浸种48h以上，杂交粳稻浸种36~48h。浸种催芽方法同晚籼。

4. 秧田整做与施肥

播种和秧田管理同晚籼育秧，不再赘述。

(四) 本田栽插管理

1. 施足基肥

双季晚粳比晚籼需肥量多，要增加肥料用量，满足高产群体的需求。单产每亩550kg以上的稻谷，需纯氮13~16kg、五氧化二磷4~6kg、氯化钾13~15kg生产中，一般中等肥力的田块，每亩施尿素30kg、4级过磷酸钙40kg、氯化钾23kg、菜籽饼50kg。肥力高的田块，每亩施尿素25kg、4级过磷酸钙30kg、氯化钾18kg、菜籽饼40kg。其中基肥施40%尿素和50%氯化钾，磷肥及饼肥（或其他有机肥）全部于耕翻前一次性施下，施后紧接着耕翻整地。

2. 合理密植

根据试验研究与生产调查，大穗型品种（组合）每亩要达22万~23万穗，基本苗要栽10万茎以上，小穗型品种（组合）每亩要达28万~30万穗，基本苗要栽15万茎以上。大穗型品种按13.3cm×20.0cm规格栽插，每亩栽插2.5万穴，每穴栽5~6蘖苗。小穗型品种按13.3cm×16.7cm规格栽插，每亩栽插3.0万穴，每穴栽5~6蘖苗。双季晚粳栽插的早迟对产量影响很大，要抢时间力争早栽插。为防止中午蒸发量太大而引起秧苗失水萎蔫，生产上可采取上午拔秧，下午栽插的方法，减少、减轻焦叶，缩短返青缓苗期，为早生快发打好基础。

3. 适时追肥

双季晚粳同晚籼一样，要尽早追施返青分蘖肥促早发，栽后5d每亩追施5~10kg尿素，拔节期每亩追5kg尿素和5kg氯化钾，抽穗前18d左右，当幼穗长度达1.0~1.5cm时，每亩看苗追施尿素和钾肥各5kg，叶色淡的早追，叶色浓绿的推迟施或减量施。双晚抽穗后温度下降较快，齐穗期一般不追粒肥，以免贪青晚熟而减产。叶色变淡的田块，可在齐穗后3d，每亩用100g磷酸二氢钾和500g尿素，对水50kg喷雾，提高结实率和粒重。

4. 水分管理

水分管理与双季晚籼基本相同。

5. 病虫害防治

双季晚粳的病虫害种类及防治同双季晚籼，要特别注意纹枯病、稻瘟病和稻曲病的预防工作以及稻飞虱暴发年份的及时防治工作。

第四章　马铃薯绿色增产增效技术

第一节　马铃薯地膜覆盖与间作套种栽培技术要点

一、地膜覆盖栽培技术

（一）马铃薯地膜覆盖的应用效果

马铃薯地膜覆盖栽培是20世纪90年代推广的新技术。运用该技术一般可增产20%~50%，大中薯率提高10%~20%，并可提早上市，调节淡季蔬菜供应市场，提高经济效益。

地膜覆盖增产的原因，主要是提高了土壤温度、减少了土壤水分蒸发，提高了土壤速效养分含量，改善了土壤理化性状，保证了马铃薯苗全、苗壮、苗早，促进了植株生育，提早形成健壮的同化器官，为块茎膨大生长打下良好基础。原内蒙古农牧学院（1989年）试验，覆膜栽培在马铃薯发芽出苗期间（4月25日至5月25日）0~20cm土层内温度提高3.3~4.0℃，土壤水分增加6.2%~24%，速效氮增加40%~46%，速效磷增加1.3%，提早出苗10~15d。

（二）栽培技术要点

1. 选地和整地

选择地势平坦、土层深厚、土质疏松、土壤肥力较高的地块，实行3年轮作。在施足基肥基础上进行耕翻碎土耙耱平整，早春顶凌耙耱保墒。

2. 施足基肥

地膜覆盖后生育期间不易追肥，故应在整地时把有机肥和化肥一次性施入土中。每公顷施入30~45t充分腐熟的有机肥和300kg磷酸二铵。

3. 选用脱毒种薯

带病种薯在覆膜栽培条件下，极易造成种薯腐烂，影响出苗，故要选用优良脱毒种薯。播前20d左右催芽晒种。

4. 覆膜方法

播前10d左右，在整地作业完成后应立即覆膜，防止水分蒸发。覆膜方式有平作覆膜和垄作覆膜。平作覆膜多采用宽窄行种植，宽行距65~70cm，窄行距30~35cm，地膜顺行覆在窄行上。垄作覆膜须先起好垄，垄高10~15cm，垄底宽50~75cm，垄背呈龟背状，垄上种两行，一膜盖双行。无论采取哪种覆盖方式，都应将膜拉紧、铺平、紧贴地面，膜边入土10cm左右，用土压实。膜上每隔1.5~2m压一条土带，防止大风吹起地膜。覆膜7~10d，待地温升高后，便可播种。

5. 播种

播期以出苗时不受霜冻为宜。一般比当地露地栽培提前10d左右。在每条膜上播两行。交错打孔点籽，孔深10~12cm，然后回填湿土，并将膜裂口用土封严。如果土壤墒情不足，播种时应在播种孔内浇水0.5kg左右。

6. 田间管理

播后要经常到田间检查，发现地膜破损要立即用土压严，防止大风揭膜。出苗前后检查出苗情况，若因苗子弯曲生长而顶到地膜上，应及时将苗放出，以免烧苗。生育中期要及时破膜，在宽行间中耕除草培土，有灌水条件的可在宽行间开沟灌水。

二、马铃薯间作套种技术

马铃薯性喜冷凉，生育期较短，播种和收获期伸缩性较大；植株矮小，根系分布较浅，适于多种形式的薯粮、薯棉、薯豆、薯菜等间作套种。

（一）薯粮间作套种

薯粮间套应用最普遍的是马铃薯和玉米间套作，一般比二者单作增产30%~50%。间套形式按行比有1∶1、1∶2、2∶2、2∶4等。各地粮区多采用2∶2的形式。在170cm带宽内按行株距65cm ×20cm播种2行马铃薯，每公顷种58 500株。玉米按行株距40cm ×24cm条播2行，每公顷种48 000株。马铃薯应选择早熟、株矮、直立的品种，适时早播，力争早出苗、早收获。玉米选用中晚熟高产品种。马铃薯收获后，就地开沟将茎叶埋入土中，给玉米压青培肥。

（二）薯棉间作套种

马铃薯与棉花间作套种模式按行比有1∶1、1∶2、2∶2、2∶4等。目前多采用2∶2的模式。在180cm宽的带内，马铃薯按行株距65cm ×20cm播2行，每公顷55 500株。棉花于终霜时按行株距40cm ×18cm播2行，每公顷61 500株。马铃薯应覆膜早播，棉花适当晚播5~7d，以减少共生期。

（三）薯豆间作套种

近几年，在甘肃、宁夏、青海等地半干旱和阴湿易旱地区，采用马铃薯和蚕豆、马铃薯和豌豆间套作，取得了明显增产效果。马铃薯与蚕豆间套作时，马铃薯用宽窄行种植，宽行行距60cm，窄行行距20cm，株距35cm，每公顷种61 500株。在马铃薯宽行内间作一行株距为10cm的蚕豆，每公顷10万~12万株。马铃薯和豌豆间套作，其带间为50cm，各种2行。豌豆播量150~180kg/hm^2，保苗78万~90万株/hm^2，马铃薯株距

35cm，保苗 61 500株/hm^2。

（四）薯菜间作套种

薯菜间套模式主要分布于菜区。由于蔬菜种类多，生长期及栽培技术不同，所以薯菜间套方式也多种多样。在二季作地区，有马铃薯与耐寒速生蔬菜，如小白菜、小萝卜、菠菜等间套作；马铃薯与耐寒而生长期长的蔬菜，如甘蓝或菜花间套作等。在北方高寒地区，采用早熟马铃薯复种油豆角、白菜萝卜等，马铃薯采用催大芽覆膜栽培，6 月下旬收获，下茬复种（移栽）油豆角、白菜、萝卜等。

第二节　秋季马铃薯高产栽培技术

马铃薯生产为春、秋二季作区，以前马铃薯生产以春季为主，秋季主要是生产种薯。近几年随着河南省马铃薯生产的发展，秋季商品薯生产面积也逐渐增大。但是，由于各种原因，多数种植户反映秋季马铃薯生产产量不高，严重制约了马铃薯的生产。

一、选种关

选种包括品种选择和种薯选择。

（1）品种选择。选择优质、高产、早熟（播种至成熟 90~100d）、休眠期短或较短（40~50d），适宜二季作种植的品种，如郑薯五号、郑薯六号、中薯三号、费乌瑞它、东农 303、克新四号、早大白等。

（2）种薯选择。选择种性好，不退化，健康无病虫危害的 50g 左右的小种薯。如果是购买种薯，要到具有脱毒条件、繁育种能力、信誉好的单位购种。如果是自留种，要在生长中后期选择地上部生长强健、叶片平展、不退化的植株留种，不要在收获后再挑选小马铃薯留种。因为退化株上结的马铃薯一般较小，如果收获后挑小马铃薯留种，退化的可能性较大，种植后造成减产。

二、催芽关

由于河南省马铃薯春季收获至秋季播种时间较短，有的种薯休眠期尚未通过，所以秋季马铃薯栽培一定要浸种催芽。浸种催芽的目的，一是打破休眠，有利于出芽；二是出苗整齐一致。催芽时，一是掌握好催芽时间；二是掌握好浸种浓度和浸种时间。一般休眠期较短的品种如郑馨五号、郑薯六号、中馨二号，在播种前 1 周左右用 5mg/L 赤霉素（又称九二〇）浸种 5min 开始催芽，其他休眠期较长的品种如费乌瑞它、东农 303、克新四号、早大白等，要适当提高浸种浓度、延长催芽时间及浸种时间。浸种方法如下：①先用少量酒精将赤霉素溶解，然后加水稀释到浸种所需浓度。②将种薯装入篓或网袋中放入浸种药液中浸种至品种所需时间。③将捞出的种薯放入沙床，沙床宽 100cm，铺沙厚 5cm 左右，摊放薯块厚 20cm 左右，然后上面及四周覆盖湿润沙土 5cm 左右。④芽长 2cm 左右时扒出，放到阴凉有散射光的地方进行绿化，2~3d 后即可播种，这样出来的苗壮抗病。浸种催芽时应特别注意几点：①要严格配制赤霉素浓度。浓度低时没有作用，浓度高时容易出现弱细苗和簇苗，造成减产甚至绝收。②赤霉素溶液要随配随用，忌隔夜再用。③用过的赤霉素溶液不要泼洒在沙床上。④种薯堆积不要过厚，否则易造成烂薯。

三、播种关

（1）由于秋季播种时间正值高温多雨季节，容易烂种，所以要整薯播种，选择健康无病 50g 左右小土豆作种。

（2）商品薯生产可适当早播。秋季马铃薯产量低的一个主要原因就是适宜马铃薯生长的时间较短，所以商品薯生产要适当提前播种，尽量延长其生长时间。播种时间在 8 月初为宜。

（3）播种方式以东西向背阳坡为宜，这样有利于降低地温，益于出苗。

（4）8 月正是高温多雨季节，田间积水易引起烂薯，影响出苗及植株生长，所以雨后要及时排出积水。

（5）浇水或雨后，沟底要及时中耕，用菜耙搂埂面，消除板结，以利出苗。

四、田间管理关

由于秋季适宜马铃薯生长的时间较短，所以生长期间的所有管理都要突出一个“早”字。一要及时中耕除草。播种出苗期间正是高温多雨季节，杂草较多，要及时清除杂草，否则会形成草欺苗现象，影响出苗，不利于幼苗生长。二是及时追肥浇水。秋季马铃薯生产前期温度高，适宜茎叶生长，后期温度低，昼夜温差大，利于薯块膨大。整个生长期间一般不会出现徒长现象。所以，秋季马铃薯生产肥水管理要一促到底，早追肥早管理。在基肥充足的情况下，生长期间要追肥 2 次。第 1 次追肥在出苗 70%~80%时，亩追碳酸氢铵 50kg，第 2 次追肥在苗高 20cm 左右时，视地上部生长情况亩追尿素 15~30kg。平时视雨水情况及时进行浇水，保持地表湿润为宜。三要及时培土。秋季培土应采取每次浅培，多次培土的办法。第 1 次培土在苗高 20cm 左右时进行，第 2 次培土在开花初期进行，第 3 次培土在 10 月下旬霜降前，此次培土要厚些，有利于保护块茎，防止霜冻。四要及时浇灌防霜水。霜降前浇 1 次大水，进行防霜，可适当延长茎叶生长时间，争取后期产量。有条件的 10 月中下旬可增加小拱棚等覆盖，更有利于高产。

第五章　花生绿色增产增效技术

第一节　花生地膜覆盖高产栽培技术

一、花生地膜覆盖栽培的增产机制

(一) 改善生态条件

无论是春播还是夏播花生，通过地膜覆盖栽培，改善了花生田土壤水、肥、气、热条件，为花生生长发育创造了良好的生态环境。

(1) 增温保温效应。地膜覆盖能够有效提高土壤耕层温度，使太阳辐射能透过地膜传导到土壤中去，并由于地膜的不透气性阻隔了水分蒸发，减少了地面热量向空气中的散发，使热量贮存于土壤并传向深层。

(2) 保墒提墒。由于地膜覆盖切断了水分与大气的通道，使水分只能在膜内循环，因而水分能较长时间地储存于土壤中，从而大大提高了花生对土壤中水分的有效利用。当天气干旱无雨时，耕层水分减少，由于土温上层高于下层，土壤深层的地下水通过毛细管向地表移动，不断补充和积累耕层土壤水分，起到了提墒作用。

(3) 改良土壤结构。地膜覆盖能使花生田土壤在全生育期内处于免耕状态，表土层躲避风吹、降水及灌溉的冲击，减少中耕锄草、施肥、人工或机械践踏所造成的土壤硬化板结，从而使春耕层土壤始终处于良好的疏松状态，有利于根系发育和果针下扎及荚果膨大。

（4）促进土壤微生物繁殖，提高土壤有效养分含量。地膜覆盖能够均衡地调节土壤水、肥、气、热状态，使土壤保持湿润、疏松、温暖、肥沃的生态环境，促进土壤微生物繁殖，提高微生物活性，并加速有机质的分解转化，使土壤中氮、磷、钾等有效养分增加，土壤保持较高的肥力水平，为花生生长发育提供了充足的养分。

（5）增加近地层光照强度。由于地膜对阳光的反射作用，使覆膜花生植株行间及近地层光量增加。同时还增加了植株下部叶片的光照强度，增强了光合作用，进一步提高了光能利用率。

（二）促进生长发育

地膜覆盖后，土壤的水、肥、气、热等条件得到了改善，各个生态因子相互协调，从而促进花生健壮生长，生育期提前，生育进程加快，产量品质提高。

1. 改变生育进程

（1）春播花生提早播种。利用地膜覆盖栽培，使春花生提早播种 15~20d，并保证了春花生苗期的正常发育，充分利用了生长季节和光能资源。

（2）生育期提前，生育速度加快，生殖生长期延长。花生覆膜栽培后，生理代谢活动加强，生育期进程加快，提前进入结实期，饱果期的时间得到相对延长，这也就是覆膜花生高产优质的主要原因之一。

2. 促进植株生长发育

首先促进培育壮苗。覆膜栽培后，种子发芽势强，发芽率提高，发芽时间缩短，一般可比露地直播出苗早 5~8d，其次是根、茎、叶都表现了比较强的优势，覆膜春花生苗期主根比对照长 4.6cm，侧根多 10~14 条，苗期至成熟期主茎高比对照多

3.5~5cm，分枝多3~5条，叶片多15~20片，苗期和下针期叶面积系数分别比对照高0.3和0.98。

3. 利于开花结实

一般春播地膜花生均比露地直播早开花、开花量大；单株结果数、饱果数、双仁果率、出仁率均比春直播显著增加。

二、地膜覆盖栽培技术

（一）播前准备

1. 选择适宜的地膜

一般选用耐拉力强、耐老化、无色透明透光率高的聚乙烯薄膜，宽度为80~90cm，厚度为（0.007 ±0.002）mm。

2. 选用优良品种

要选用适应性广、抗逆性强、增产潜力大，具有前期稳长、后熟长势强的中熟大果型或早熟中果型品种。

3. 选择适宜的土地

地膜覆盖栽培花生生长势强，要求较高的土壤肥力水平才能充分发挥其增产潜力。应选择地势平坦、土层深厚、保水保肥、土质疏松、中等以上肥力，并经过2年轮作倒茬的土地。

4. 整地施肥

（1）精细整地。春花生在前茬作物收获后及时进行冬季深耕、早春浅耕、耕后及时耙耱保墒。大垄距麦套地膜花生在前茬深耕的基础上，播前浅耕，播后及时中耕灭茬。在精耕细耙的基础上，结合起垄做畦，搞好三沟配套，使沟沟相通，畦垄相连，确保旱能浇、涝能排。

（2）科学配方，施足底肥。在中等以上肥力地块，氮、磷、钾施用比例应掌握在5∶1∶2；同时由于地膜花生生育期内不便追施肥料，因此要求施足底肥，每亩要求施入优质农家肥

4 000~5 000kg、标准氮肥 10~15kg、过磷酸钙 30~40kg、硫酸钾 12~15kg、石膏粉 20~30kg。有条件的还可施入饼肥 40~50kg。

（3）起垄。播种前 4~6d 起垄，80~90cm 一带，畦底宽 30cm，垄面宽 50~60cm。起垄标准是底墒足、垄体矮、垄底宽、垄面平、垄腰陡。

（二）覆膜与播种

1. 提高覆膜质量

覆膜质量的好坏，直接影响到地膜覆盖栽培技术的效果。

（1）覆膜时间。北方花生区一般是 4 月中下旬。

（2）覆膜方法。人工覆膜放膜时速度要缓慢，膜要摆平，伸直，拉紧，使薄膜在台面上平展没有皱纹，紧贴垄面。为了防止风刮掀膜，还可以采取每隔 3~4m 压一条防风土带，既能保护薄膜，又不影响播种和透光的效果。

机械覆膜用覆膜机覆膜，能加快覆盖速度，提高劳动效率，保证覆盖的质量。采用花生联合播种机将镇压、筑垄、施肥、播种、覆土、喷药、展膜、压膜、膜上筑土带等技术一次完成。

（3）喷施除草剂。花生地膜覆盖常用的除草剂有拉索、农思他、金都尔、乙草胺和西草净等。施用方法，均于盖膜前将除草剂的每亩适当用量加水 50~75kg，搅拌，使其稀释乳化后，均匀喷在垄面上和畦沟上。注意喷匀，不要漏喷，把规定的药量全部喷完，喷少了则会降低除草效果。

（4）盖膜方式。花生地膜覆盖有三种方式：一是随种随覆膜，即整地播种后，随即喷洒除草剂，接着盖膜，待花生出苗顶土时，及时破膜放苗。二是先盖膜后播种，即播种前 5~6d 盖膜，待地温升至适宜温度后，用打孔器打孔播种。播后苗孔上面压上 3~5cm 厚的湿土，以防落干跑墒。三是先播种，齐苗后再盖膜，即花生播种后喷除草剂除草，花生齐苗后再边盖膜边打孔破膜。三种方式各有各的特点，可因地制宜选用。

2. 适期播种

（1）确定播种期。当 5cm 地温稳定在 12℃以上，一般是 4 月 15—25 日。播种过早，膜内外温差大，幼苗不能正常生长；播种过晚，生育期缩短，营养生长不良，结果少，不能充分发挥地膜覆盖的作用。

（2）种子处理。一是种子精选，播种前带壳晒种 2~3d，以提高种子发芽势和发芽率；二是浸种催芽和药剂拌种，这是经多年实践证明的一项全苗壮苗措施；三是根瘤菌拌种，能增加花生植株根瘤数，增加根瘤菌活性，提高花生固氮能力。

（3）提高播种质量。不论是先盖膜后播种，还是随播种随盖膜，或是出苗后再盖膜，都要按密度规格开沟或打孔。一定要注意墒情，墒情差，要提前浇水；覆膜后在孔的周围用土压严，否则起不到保温作用。

3. 合理密植

花生的单位面积产量是由单位面积内穴数、穴荚果数和果重三因素构成。应根据品种类型、地力、栽培条件选择适宜的种植密度。一般应用中熟大粒型品种，每穴 2 粒，亩穴数 0.8 万~1.1 万穴。

（三）田间管理

1. 苗田护膜

在播种出苗阶段，容易被风刮揭膜，或者因为垄面薄膜封闭不够严密及破损等原因，都会影响地膜的增温、保温、保墒的效果，影响出全苗、出齐苗。因此，在出苗前要深入田间细致检查，发现上述情况及时盖严压实，保持薄膜覆盖封闭严密，保证增温保墒效果。

2. 助苗出土，壮苗早发

随播种随盖膜的花生顶土时，要及时开孔放苗和盖土引苗，防止窝苗。做到一次完成，不能出一棵引一棵，也不可待幼苗全部出土后再开孔引苗。因此，开孔引苗一定要在顶土时进行。开孔放苗的方法是：用三个手指或小刀在苗穴上方将地膜撕成一个孔径4.5~5cm的圆孔，随即抓一把松散的湿土盖在膜孔上厚3~5cm，防止幼苗被高温烫伤。散土后不要按压，以保持地膜增温、保墒、除草效果，避免引苗出土，起到自然清棵的作用，培育壮苗。

3. 适时清墩和抠枝

（1）清墩。花生出苗后主茎有2片复叶展现，应及时清理膜孔上的土堆，并将幼苗根际周围浮土扒开，使子叶露出膜外，释放第一对侧枝，以免影响花生正常的生长发育。

（2）抠枝。花生出苗后主茎有4片复叶时，要及时将压在膜下的侧枝抠出来，而侧枝又是结果最多的第一对侧枝，若压在膜下时间久了，影响早生快发，降低结实能力，影响产量。

（3）查苗补种。结合开孔放苗和清理膜上土墩，进行查苗补种，若发现缺苗，应随即将准备好的催芽种子逐穴补上，保证全苗，为高产稳产打好基础。

4. 中耕除草

降雨或浇水后，垄沟土壤容易板结，滋生杂草，应及时顺垄沟浅锄，破除板结，消灭杂草。膜内发生杂草时，用土压在杂草顶端地膜面上，3~5d后杂草因缺氧窒息枯死。

5. 浇好关键水

播后2个月不降雨常发生旱象，此时正值花生荚果膨大期，需水最大，应立即采取沟灌、润灌的措施，以保根、保叶，维持盖膜花生正常生长发育，确保高产。

6. 化学调控

在花生开花后30~40d，每亩叶面喷施150mg/kg的多效唑溶液50kg，以控上促下，控制营养生长，促进生殖生长，提高营养体光合产物向生殖体运转速率，防止田间群体郁闭倒伏，保持较高而稳定的有效叶面积，提高光合效率，获取高产。

7. 根外追肥

缺铁时可叶面喷洒0.2%~0.3%的硫酸亚铁溶液及时补充铁元素。在缺硼、钼或缺锌的土壤，可叶面喷0.2%的硼酸液、0.03%的钼酸铵溶液、0.02%~0.05%的硫酸锌溶液。在结荚后期，每隔7~10d每亩叶面喷施1次1%尿素液75kg和2%~3%的过磷酸钙水溶液1~2次，或0.3%的磷酸二氢钾水溶液1~2次，对提高荚果饱满度有重要作用。对有早衰迹象的地块叶面喷肥更为重要。

（四）适时收获，回收残膜

（1）适时收获，增产增收。覆膜春花生成熟期比露地栽培提早7~10d。花生正常成熟的长相，一般是植株下部茎枝落黄，叶片脱落但水肥条件好的这些现象不明显，因此地膜花生还要看荚果的饱满度。中熟大果品种的饱果指数达50%~70%，早熟中果品种单株饱果指数达70%~90%时为适收标准。荚果成熟外观标准是果壳外皮发青而硬化，籽仁充实饱满，种皮色泽鲜艳。收获后及时晾晒，待种子含水量低于12%时，方可入库。

（2）残膜回收。结合用犁穿垄收获花生时，先把压在土里的残膜边揭起来，再抽去地上的残膜，回收率可达98%；结合冬春耕地把前茬埋在地里的残膜拣出来。

第二节　麦套花生高效栽培技术

麦垄套种夏花生能较好地解决夏播花生光照积温不足问题。但是麦套花生在种植方式、施肥技术、品种搭配等方面存在很多问题，影响着产量效益的提高。分析麦套花生的生育特点，主要是播种时无法施底肥；与小麦共生期间存在争光热、争水肥的矛盾，具有前期缓升、中期突增、后期锐降的生长发育规律。中期是花生植株主要形成期，即始花后20d，光合效率高，积累干物质量占全生育期总量的87.6%，因此其栽培要点如下：

一、统筹安排，深耕增肥

选土层深厚、排灌方便、肥力中等以上的土地。种麦前深耕20~30cm。结合深耕每亩施优质圈肥4 000kg、碳酸氢铵35kg、过磷酸钙65~70kg、氯化钾25kg作小麦基肥。第二年早春追肥推迟到小麦拔节至挑旗，兼作花生基肥。

二、良种配套，光热互补

为减少两作物共生期争光争热矛盾，品种必须搭配好。小麦选用早熟、矮秆、株型紧凑的品种；花生选用耐阴性好的中早熟品种。

三、改革种植方式，发挥边行优势

（1）小垄宽幅麦套花生。秋种时不起垄，40cm一带，小麦播幅6~7cm，套种空当33cm。一般麦收前15~25d（中低产麦田可适当提前到麦收前25~30d套种）在空当上开沟套种一行花生，穴距16.5~20cm。密度每亩种8 333~10 000穴，每穴2粒。小麦收获后立即灭茬、追肥、浇水。在花生封垄前深锄扶垄，培土迎针。

（2）大垄麦套花生。秋种小麦时，先起大垄，垄距90cm，垄沟30cm，垄高12cm，垄沟内播2行小麦，小麦小行距20cm，大行距70cm。春天在垄中间开沟施入花生基肥。4月上中旬在垄上覆膜套种花生，播种规格：垄上种2行花生，小行距25~30cm，大行距60~70cm，穴距16.5~18cm，密度为每亩8 000穴，每穴2粒，采用幅宽75~80cm地膜打孔播种。播种时尽量少损伤小麦。小麦收获后要立即浇水、灭茬、扶垄。在垄内也可种秋黄瓜或间作芝麻，增加收入。

（3）常规麦套花生。一般2万株/亩左右。小麦正常播种情况下（行距23~30cm）行行套种花生。

四、科学管理

麦套花生的田间管理是前中期猛促，中后期保叶防衰。

（1）前期。小麦花生共生期间是花生幼苗出土和发育期，结合浇麦黄水，促进花生根早发和花器形成。麦收后即花生8~9叶期，结合灭茬培土，每亩追施磷酸二铵10~15kg，以促进侧枝生长和前期花开放。覆膜套种应适时破膜放苗。

（2）中期。培土迎针，防治病虫；遇旱浇水，促进发棵增叶，加速光合产物积累。7月20日前后株高超过35cm，应及时喷施生长抑制剂控制旺长。

（3）后期。结荚期搞好叶面喷肥，延长绿叶功能期，促进荚果充实。

第三节　夏直播花生起垄种植技术

起垄种植是近年推广的一项夏直播花生高产栽培技术，它有效地解决了淮河流域夏播花生生产涝灾频繁、渍害严重，产量低而不稳、品质下降和机械化程度低、劳动强度大、生产成本高等制约该区域花生生产发展的主要限制因素。垄作不仅有利于灌溉和排水防涝，增加土壤的通透性，改善花生的生长环境，促进根系发育，加快花生的生育进程，增强花生的抗旱耐涝能力，同时便于田间管理和机械化操作。机械化起垄种植在正常情况下比平播增产10%以上，旱涝年份增产达20%以上，高产田产量可达到400kg/亩以上。

一、选用优良早熟品种

起垄种植夏直播花生生育期短，个体发育差，应根据当地生态条件，选择早熟、耐密植、综合抗性好、生育期在 110d 以内的高产优质花生品种。如远杂 9102、远杂 9307、驻花 1 号、豫花 22 号、豫花 23 号等花生品种。

二、精细整地，科学播种

精细整地对于提高夏播起垄种植花生播种质量，特别是机械化播种质量至关重要，并且有利于实现苗全苗壮，促进花生生长发育，从而提高产量。保证整地质量的关键是机械化收获小麦后所留的麦茬要低，田间小麦秸秆最好清除，耕地时土壤墒情要适宜，一般以浅耕为宜（麦后可深耕、浅耕交替进行，或一年深、两年浅），真正做到精耕细耙，地面平整。

起垄播种一般垄高为 10~15cm，垄距为 70~80cm，垄沟宽 20~30cm，垄面宽 40~50cm，花生小行距控制在 20cm 左右，即要保持花生种植行与垄边有 10cm 以上的距离，利于花生果针入土。

播种要做到足墒播种，或播后顺沟灌溉，播深 3~5cm。机械化播种可一次完成起垄、开沟、施肥、播种、覆土、喷除草剂等作业，不但省工省时，而且能提高播种质量。

三、施足底肥、巧施叶面肥

起垄种植夏播花生生育期短，缺肥极易影响花生生长发育。因此，播前应施足基肥，增施有机肥，补充速效肥，巧施微肥。一般施有机肥 2 500~3 000kg/亩、氮（N）6kg、磷（P_2O_5）12kg/亩、钾（K_2O）12kg/亩。若考虑夏季花生整地播种时间紧，整地时来不及施肥，可在小麦播种时增加小麦的基肥数量，达到一肥两用，并在花生出苗后，追施速效氮肥（纯氮）6~

10kg/亩，促进花生的生长发育。同时根据生育期长势，缺肥田块中后期可通过叶面喷肥方式为花生的生长发育补充营养，提高植株抗逆性，减缓衰老，增加果重，提高产量。

四、及早播种、适度密植

早播是起垄种植夏播花生高产的关键。据研究，随着播期的推迟，夏播花生产量明显降低。因此，夏播花生应及早播种，越早越好，最晚不能迟于6月20日。

起垄种植夏播花生生育期短，个体发育在一定程度上受到影响，单株生产力低，因此应加大种植密度，依靠群体提高花生产量。双粒播种时，中上等肥力地块，适宜种植密度为12 000~13 000穴/亩；中等肥力以下地块，每亩种植13 000~15 000穴。机械化单粒播种时，适宜种植密度为20 000株/亩以上。

五、使用专用机械播种，提高播种质量

花生起垄种植应使用专用播种机械，能一次完成起垄、播种、施肥、喷施除草剂等作业，不但省工省时，而且能提高播种质量，花生出苗整齐一致。

六、适时化控，防止倒伏

起垄种植夏播花生生育期间雨量充沛、气温高，特别是高产田块，花生前期生长发育快，中期生长旺，易造成群体郁蔽和后期旺长倒伏，从而导致减产。因此，应适时喷施植物生长延缓剂，控制徒长。当株高达到35cm左右时，有旺长趋势的田块，每亩用15%的多效唑可湿性粉剂30~50g或5%的烯效唑可湿性粉剂20~40g，对水40kg左右，叶面均匀喷洒，防止旺长倒伏。

七、叶面施肥

花生进入结荚期后，叶面喷施1%的尿素和2%~3%的过磷

酸钙澄清液，或0.1%～0.2%磷酸二氢钾水溶液2～3次（间隔7～10d），每次喷洒50～75kg/亩。

八、及时进行病虫害防治

起垄种植花生生长发育快，种植密度大，整个生育期又处在6月初至9月下旬高温多雨的季节里，病虫害发生一般较重，及时防治病虫害是获得高产的关键措施之一。

九、旱浇涝排，防止积水

由于起垄增加了灌溉的便利，特别是在苗期及荚果膨大期，干旱时要及时浇水，确保花生的正常生长发育。

6—9月降水量大、涝灾频繁，易造成土壤缺氧，影响花生根部呼吸及营养物质吸收，严重时造成烂果。因此，雨后应及时排出积水，为花生生长发育创造良好的生态环境。

十、适时收获

花生成熟后要及时收获，可采用分段式收获机械或联合收获机械收获。花生成熟（植株中下部叶片脱落，上部1/3叶片变黄，荚果饱果率超过80%）时应及时收获。收获摘果后，应及时晾晒或机器烘干，当花生荚果水分降至10%以下时，入库储藏。

第四节　花生“两增三改”高产栽培技术

花生“两增三改”高产栽培技术，是在花生高产创建实践中创新集成的新技术。“两增”，就是增施有机肥、合理增加种植密度；“三改”，为改早播为适期晚播、改一次化控为系统化控、改病虫害常规防治为绿色防控。该技术解决了花生品种混杂退化、单产增速变缓、病虫害发生趋重等问题。

一、增施有机肥

花生施肥要以有机肥为主，化肥为辅。一般中高产地块，在原来每亩 1 000~1 500kg 基础上，每亩增加腐熟有机肥 500kg，亩产 500kg 高产地块要达到 2 000kg 以上；适当减少化肥用量，一般地块亩施氮肥（纯氮）6~7kg、磷肥（P_2O_5）8kg 左右、钾肥（K_2O）3kg 左右；同时要根据不同地区或地块土壤养分丰歉情况，因地制宜施用硼、锌等微肥，每亩可施用硼肥 0.5~1kg、锌肥 0.5~1kg；缺钙地区和高产田要单独补施钙肥，以促进结实和荚果饱满，碱性土壤可亩施 50~80kg 石膏，酸性土壤亩施 30~50kg 石灰或 20~30kg 石灰氮。施肥方法为：①基肥。基肥的施用是结合耕地进行的，在耕地前，将要施用的有机肥和化肥，按照有机肥的全部，化肥总量的 2/3，均匀地撒在地表。②种肥。在花生播种时施用，一般为化肥总量的 1/3，种肥施用时要注意，花生种子千万不能和种肥接触，人工起垄的要先将化肥掩上，在另外的地方开沟播种，机械播种的，要将化肥拌匀，不要有化肥坷垃，随时检查化肥的排肥速度和排肥量，避免集中排肥。③追肥。根据田间的花生长势确定，追肥时间一般在结荚期和饱果成熟期，追肥的种类视花生的长势确定。

二、合理增加种植密度

选择高产优质、抗病性强、产量潜力大的大花生品种，目前主要有豫花 15、远杂 9102、豫花 65 号、豫花 37 号、花育 22 号、花育 25 号、鲁花 11 号等，春播合理密植，密度以 8 000~10 000穴/亩为宜，高产田要达到 9 000穴/亩以上。

三、改抢墒早播为适期晚播

改变抢墒早播种植习惯，春花生地膜栽培，将播种期由原来 4 月中下旬推迟到 5 月 1 日以后，最佳播种期为 5 月 1—10 日，如旱地抢墒播种不能早于 4 月 25 日。

四、改一次化控为系统化控

对于花生有徒长趋势的地块，当花生株高 35cm 以上（一般花生封垄前）时应用化控技术，可喷施壮饱安、新丰果宝或新丰 1 号等花生专用调节剂。喷雾时，没有必要喷施花生植株的全部，只喷施花生顶部生长点即可。喷施时间最好在 16：00 以后，有利于吸收，提高药效。

五、改病虫害常规防治为绿色防控

搞好田间管理，开展统防统治，通过生物、物理和化学防治相结合，应用频振杀虫灯、性诱剂诱杀、药剂拌种，利用白僵菌、阿维菌素、宁南霉素等生物制剂防治，综合防治蛴螬和线虫为主的地下害虫；实施健康栽培，采用高效低毒新产品技术组合，防治花生病害。

六、适时收获

花生收获前 4~6 周如遇严重干旱，应及时顺沟灌水，控制黄曲霉毒素感染，并及时收获。在花生收获后 1 周内应及时晾晒，把水分降到 10%以下，杜绝黄曲霉毒素污染。

第五节　花生单粒精播节本增效栽培技术

一、精选种子

精选籽粒饱满、活力高、发芽率≥95%的种子播种。种子要包衣或拌种。

二、适期足墒播种

5cm 日平均地温稳定在 15℃以上，土壤含水量确保 65%~70%。北方春花生适期为 4 月下旬至 5 月中旬播种。麦套花生麦收前 10~15d 套种，夏直播抢时早播。

三、单粒精播

单粒播种，亩播 13 000~16 000粒，播深 2~3cm，播后酌情镇压。

四、田间管理

花生生长关键时期，合理灌溉。适期化控和叶面喷肥防病，确保植株不旺长、不脱肥，叶片不受危害。

五、适宜区域

适合全国花生中高产田。

六、注意事项

花生单粒精播要注意精选种子。

第六节　玉米花生间作种植模式

一、品种选择

玉米选用紧凑或半紧凑型的耐密、抗逆高产良种；花生选用耐阴、抗倒高产良种。

二、播种与施肥

3∶4 间作模式（3 行玉米、2 垄花生，带宽 3cm）播种规格：间作玉米小行距60cm，株距12~14cm；间作花生垄距80~85cm，垄高10cm，一垄2行，小行距30cm，大行距50cm，双粒或单粒播种均可。

底肥亩施8~12kg纯氮、6~9kg P_2O_5、10~12kg K_2O、8~10kg CaO。在玉米大喇叭口期亩追施8~12kg纯氮，施肥位点可选择靠近玉米行10~15cm处。

三、管理

玉米、花生病虫害按常规防治技术进行，主要加强地下害虫、蚜虫、红蜘蛛、玉米螟、花生叶螨、锈病和根腐病的防治。

四、收获

玉米收获选用现有的联合收获机，花生收获选用联合收获机或分段式收获机。

五、适宜范围

春播适用于玉米、花生栽培地区；夏播适用于山东（除去胶东地区）、河南及以南地区。

六、注意事项

播种时期，夏播适时早播，尽量在6月20日之前，保障玉米、花生成熟。

第七节　连作花生生产关键技术

花生连作面积较大，连作花生田土壤养分缺乏，植株生长不良，减产严重，种植效益低。该技术可较好地解决连作花生种植技术落后、产量低而不稳的问题，使连作花生减产的幅度明显降低。采用该技术可实现连作花生增产10%以上，亩增效

100元以上。

一、深耕改土

应强调冬前耕地，深度30~33cm，冻垡晒垡，翌年早春顶凌耙耢。对于土层较浅的地块，可逐年增加耕层深度。有条件的地区可采用土层翻转改良耕地法，即将0~30cm土层的土向下平移10cm，而其下30~40cm土层的土平移到地表，操作时尽量不要打乱原来的土层结构。

二、施肥

连作花生田更应重视有机肥的施用。每亩施腐熟鸡粪1 000~1 200kg或养分总量相当的其他有机肥。化肥施用量：氮（N）8~10kg、磷（P_2O_5）10~12kg、钾（K_2O）8~10kg。全部有机肥和60%~70%的化肥结合耕地施用，30%~40%的化肥结合播种集中施用。采用农闲轮作的地块，施肥量应增加20%~25%。适当施用硼、钼、锌、铁等微量元素肥料。

三、农闲期抢茬轮作

在花生收获后下茬花生播种前的一段农闲时间种植一茬秋冬作物，秋冬作物在花生播种前收获或直接压青，相当于花生与其他作物进行了一茬轮作，以降低连作减产的幅度。轮作选用的作物以小麦效果最佳，其次为萝卜、油菜、菠菜等。实行农闲轮作的地块，深耕和施肥（花生基肥）可在轮作作物播种前进行。

四、田间管理

生长期间干旱较为严重时及时浇水，花针期和结荚期遇旱，若中午叶片萎蔫且傍晚难以恢复，应及时适量浇水。饱果期（收获前1个月）遇旱应小水润浇。结荚后如果雨水较多，应及时排水防涝。生育中后期植株有早衰现象的，每亩叶面喷施2%~3%的尿素水溶液或0.2%~0.3%的磷酸二氢钾水溶液40kg，连喷2次，间隔7~10d，也可喷施经农业部或省级部门登记的其他叶面肥料。

五、注意事项

（1）地膜选用。旱薄地花生应覆膜。选用宽度90cm左右、厚度0.01mm、透明度≥80%、展铺性好的常规聚乙烯地膜。覆膜前应喷施除草剂。

（2）防止徒长。在花生结荚期有徒长趋势或倒伏危险的地块，应喷施多效唑等植物生长延缓剂，用量为15%的可湿性多效唑粉剂30~40g/亩，对水20~30kg，均匀喷洒于花生植株叶面。

第六章　油菜绿色增产增效技术

第一节　油菜轻简高效栽培技术

长期以来，油菜生产一直以人工作业为主，生产工序过于复杂，生产成本较高。近年来，由于农村劳动力的缺乏，劳动力成本相对提高，致使油菜生产投入产出的比较效益下降，农民种植油菜的积极性受到挫伤，导致我国油菜种植面积和产量连续出现滑坡。因此，油菜生产迫切需要省工、省力、省时的油菜简化高效生产技术。

与传统的油菜栽培技术相比，油菜简化栽培技术是一种简洁、高效和低成本的现代油菜栽培技术。传统油菜栽培技术工序多，劳动强度大，通过各种措施使油菜单株的丰产达到群体丰产。简化栽培技术是一种适应市场经济的简单高效油菜栽培技术，它在保证高产的同时，要求尽量减少劳动力、水分和肥料的投入，通过使用机械、化学除草剂、植物生长调节剂等现代技术和手段提高油菜的产量与质量，达到高产高效率的目的。简化栽培通过群体的丰产达到高产的目的。在示范过程中，经过测算，推广该技术每亩可节省成本 50 元左右，增产 15%~20%。

正确选用品种：杂双 7 号、杂双 4 号、丰油 10 号。

一、机械化精量播种技术

同人工直播和育苗移栽相比，机械化精量播种加强了对密度的控制，既可以有效降低劳动强度，也有利于培育壮苗，减少间苗、补苗的工作量。精量的关键在于种子用量的掌握。根据试验结果，在不同的密度要求下，一般品种的机械化精量播种亩用种量系数为0.005 4。如密度要求为4万株，则用种量为40 000×0.005 4=216（g）。播种机械可采用湖北黄鹤楼机械厂生产的油菜播种机，非水稻田采用一般的小麦播种机即可，但播种时每亩需配播1kg无发芽力商品油菜籽。250g种子配播1kg炒种子即可。

二、播期和密度控制

机械化播种的适宜播期在9月20日至10月10日，播种密度为3万~4万株/亩，播种越迟，密度加大。

三、蚜虫轻简高效防治技术

经过几年研究，结果表明，在油菜播种时采用播种沟施用地蚜灵对油菜蚜虫具有较佳防治效果，把用22%地蚜灵乳油50~80g/亩拌适量细沙或细土制成毒沙或毒土于播种沟施药，防蚜效果高，苗期防治效果几乎为100%，开花结角期防治效果仍高达87.34%~93.60%，持效期长达7个月以上，可控制油菜整个生育期蚜虫的危害，这种选择性施药技术（播种沟施药、根区施药、土壤处理等）与常规施药方法整株喷雾相比，具有简单易行、保护环境、只杀害虫等优点，是一种简化高效的病虫害防治新技术。

四、科学施肥

重施基肥。施农家肥1~1.3t/亩、40%~45%的三元复合肥40kg/亩、硼肥1kg/亩。

合理追肥。掌握“早施、轻施提苗肥，腊肥搭配磷、钾肥，薹肥重而稳”的原则。早施、轻施提苗肥，结合间、定苗，追施尿素 8kg/亩；腊肥一般在 1 月中旬，以农家肥 1~1.5t/亩和草木灰为主，覆盖苗间，壅施苗基。也可在寒流到来之前用稻草 150~250kg/亩均匀覆盖在菜苗四周，对除草保温、保墒和抗寒防冻、改善土壤结构都有好处。开春后施 1 次薹肥，一般施尿素 10~15kg/亩，做到见蕾就施，促春发稳长。

五、机械化收获

联合收获时，在 85%左右角果颜色呈枇杷黄，85%~90%籽粒呈黑褐色时为机械收获适期，过早或过迟收获将会影响产量，为防止籽粒脱粒不彻底，机械收割宜在露水干后进行，以降低损失率。油菜具有无限开花结角的习性，植株各部位的角果成熟时间极不同步，为降低机收损失，可进行药剂催熟角果。在机收前 5~6d，用 40%乙烯利 350ml/亩喷雾，待油菜植株和角果全部转为琵琶黄色后进行机械化收获，落籽损失可以减少到 8%以内。

第二节　双低油菜“一菜两用”栽培技术

双低油菜从菜苗到菜薹均可作为蔬菜食用，味道甜美、营养丰富。尤其是在春节前后采摘一次油菜薹，可解决春节前后蔬菜供应相对较紧张的问题，又可利用双低油菜分枝能力强的特性促发一次、二次分枝，对产量没有影响甚至有增产作用，实现一种两收，大幅度提高油菜种植经济效益。在城市周边、蔬菜物流发达和有蔬菜保鲜加工配套设施的地区，示范推广菜油两用技术。

一、选准推广品种

生产上一般选择高纯度的双低油菜种源，才能保证菜薹和菜籽的高品质与高产量。因为菜薹的品质决定于硫苷含量的高低，硫苷含量越高，菜薹味道越苦涩；硫苷含量低，则菜薹脆甜可口，口味纯正。菜籽的品质则与芥酸和硫苷两因子呈正相关，含量越高，品质越差，而纯度越高、代数越低的优质油菜种子，芥酸和硫苷的含量就越低，就越适宜于作“一菜两用”的种源。同时，油菜各个品种之间的生育特性存在明显的差异，作为“一菜两用”技术的备选品种，还应该是苗薹期生长势强、易攻早发、生育期偏早、具备再生能力强、恢复性能好的品种，这样的品种能在较短时间内从叶腋中多生长出第 1 次分枝，第 1 次分枝生长越早，第 2、第 3 次分枝就越多，构成产量的角果数就越多，才能在获得较高油菜薹产量的同时，兼顾油菜籽的高产。

二、抢早培育壮苗

苗床要土质好、排灌方便、地势平，苗床与大田比例为 1 :（5～6），结合整地，施腐熟有机肥 5t/亩、复合肥 20～25kg/亩、硼砂 1kg/亩，开好厢沟，厢宽 1. 5m。为了使菜薹提早到春节前后上市，8 月下旬至 9 月上旬抢墒抗旱育苗，播种 0. 4kg/亩，分厢定量播种，稀播匀播。用竹扫帚或其他工具在厢面扫 1 遍浅盖籽粒，用稻草或花生秧等覆盖物覆盖保墒，浇透水。播种 4～5d 后揭草，当看到油菜苗出土时及时揭草以免形成线苗。1 叶 1 心时间苗，疏理窝堆苗、拥挤苗，以苗不挤苗为宜。3 叶 1 心时定苗，留足 100～120 株/m^2，苗距 5～8cm，以叶不搭叶为宜，剔除异品种，去小留大，去弱留强，去病留健。3～6 叶期用 15%多效唑可湿性粉剂 15～20g/亩对水 750kg 均匀喷雾于菜苗上，培育矮壮苗，切忌重复喷雾。久干无雨或苗受旱时，于晴天早晚浇水保墒。定苗后施尿素 2. 5～4. 5kg/亩，雨天可撒施，晴天结合抗旱加水追施。苗床期气温较高，病虫害发生较普遍，出苗后每隔 3～7d 用 10%吡虫啉 800 倍液加万虫统杀 800 倍液喷雾，或氯氰菊酯、速灭杀丁或杀虫灵 50ml/亩+Bt 50g/亩，或克虫星50ml/亩等对水750kg防治蚜虫、菜青虫、小菜蛾、黄曲跳甲等害虫。病毒病、茎腐病等病害，可用灭菌威粉剂30g/亩对水50kg喷雾。

三、抢早移栽

于10月中旬前移栽，移栽时确保单株绿叶7片以上。拔苗前苗床墒情要足，移栽前1d，苗床要浇水润土，以免起苗时伤根；大小苗分级拔，先拔大苗，秧苗要求矮壮青绿色、叶片厚、无病虫；带土拔苗；当天拔苗当天栽。大田要精整，土要细、田要平、厢要窄、沟要深。大田总施肥量以氮：磷：钾为1.0：0.5：0.7为宜。亩施纯氮20kg、五氧化二磷12kg、氧化钾14kg、硼砂1.5kg，或亩施碳酸氢铵65kg、过磷酸钙45kg、氯化钾10kg、硼砂1kg，并加施充分腐熟的猪牛栏粪等土杂肥3~4t，或亩施氮、磷、钾三元素复合肥（20-10-18）50kg、硼肥1kg。移栽时要推广“四个一”，即1个穴、1棵苗、1捧多元复配杂肥压根、1瓢水定根。

四、控制适宜群体密度

移栽密度是保证“一菜两用”技术成功的重要因素。根据试验观察，密度越大，油菜摘薹量越高，对油菜籽产量影响越大。因此，要兼顾摘薹量和油菜籽产量，结合大田肥力条件和前茬因素，合理安排密度。确定密度，肥力高的玉米田按7.5万株/hm^2移栽，中等肥力的为9万株/hm^2，肥力差的花生田块为12万株/hm^2。苗要栽稳，行要栽直，苗间距要匀，根部要按紧，不能将苗栽得过浅或过深，培土到子叶节。边移栽边浇足活根水。苗活后施尿素60~75kg/hm^2或碳铵150kg/hm^2，15d后再施尿素75kg/hm^2或碳铵210kg/hm^2促苗，为促发分枝留下合理空间。

五、田间管理

双低油菜“一菜两用”技术田间管理，要在搞好中耕、除草、防虫治病和及时排渍抗旱的基础上，重点做好适量增加肥料，在总体施肥水平上强调较常规技术增加 10%以上用量。并按底肥足、苗肥适、腊肥优、薹肥早、采薹前补肥的原则科学肥水运筹。底肥以有机肥为主，优质复合肥为辅，施精土杂肥 22. 5kg/hm^{2}或饼肥 1. 2～1. 5t/hm^2、优质复合肥 525～600kg/hm^2、持力硼 3. 0～4. 5kg/hm^2。苗肥在油菜活棵后施用，施尿素 90～120kg/hm^{2}促早发，薹肥于 12 月底前冬至前后施下，施尿素 105～135kg/hm^2、压土杂肥 45t/hm^{2}以上。摘薹前 1 周补施尿素 75kg/hm^{2}左右，促进腋芽分化发育。

六、病虫害综合防治

在病虫害防治上，以综合防治为主，禁止使用剧毒化学农药，提倡使用生物农药和低毒无残留新型农药，尽量减少化学物质的残留。由于采摘菜薹后基部分枝，且二次分枝数极多，有利于菌核病发生蔓延。为此，从油菜盛花前开始，进行统一防治，考虑到田间分枝多、人难下田的实际困难，采取 1 人在前用 2 根竹竿分厢，1 人在后喷药的方法，提高防治质量，使菌核病发病率降低到 3%以内。

七、严格采摘标准，成熟收获

为保证菜薹鲜嫩可口和兼顾菜籽产量，采摘时一定要按下列标准严格掌握：薹高达到 30～35cm 的为最佳采摘时期，摘取主茎顶端 15cm 左右的菜薹作蔬菜，保证茎基部留有 10cm 高度的腋芽发育生长空间。做到“薹不等时、时过不摘”，最迟摘薹期不超过 2 月 10 日。摘薹后视油菜长势，每亩追施 3～5kg 尿素和 2kg 钾肥，促进分枝生长。

每株平均达到 5 个以上的一次分枝。一般摘薹 200kg/亩，油菜籽产量比未摘薹的油菜不减产乃至略增产。摘薹时要先抽薹先摘，后抽薹后摘，切忌大小一起摘。油菜摘薹后 20d 内，油菜生育期表现出相当大的差异，随着时间的推移，各生长阶段逐渐减小差距，直至成熟时，摘薹的油菜较未摘薹油菜最多推迟 2~3d，因此摘薹油菜应推迟 3~4d 收割，以保证油菜籽的成熟度。

第三节　观光油菜栽培技术

观光油菜除具有传统的经济价值外，还有着其他农作物所没有的观赏价值，种植时将不同熟期、不同花色品种分区域规模化种植，这样既可延长花期，增加旅游收入，也可收获商品菜籽，一举两得，大幅度提高观光油菜种植的经济效益。

一、选好品种

结合栽培地的气候条件、当地土壤肥力水平和生产情况，应选择抗逆性强、花期偏长、花色鲜艳、株高适中、不同熟期的高产稳产品种。

观光油菜要求选择花期偏长（花期大于等于 35d）、花色鲜艳的高产稳产品种。要注意品种搭配，进行早、中、晚熟品种搭配，同一品种连片规模化种植。直播油菜一般播期较晚，宜选用发苗快、耐迟播、产量潜力高、株型紧凑、抗病抗倒性强的双低油菜品种，如杂双 5 号、双油 8 号、双油 9 号、豫油 4 号、豫油 5 号、郑杂油 2 号、秦油 2 号等品种。

油菜对播种季节反应比较敏感，播种期的确定是油菜栽培技术的关键技术。油菜发芽、出苗和发根、长叶均需要一定的温度条件，发芽适温需要日平均温度 15~23℃，幼苗出叶也需要11~16℃以上才能顺利进行。

二、适期早播

播种前要精选纯净、优质、粒大的种子，并且晒种1~2d，结合土壤施药。直播油菜适播期为10月上旬，最好不要晚于10月20日。越冬前叶片数要达到7~12片。根据前茬作物收获时间，宁早勿晚。

三、合理密植

播种后早间苗、定苗，每亩适宜种植密度为1万~1.2万株，晚播和旱薄地可加大种植密度，每亩种植1.5万~2.5万株，每亩播种0.3~0.5kg。早播、套种、肥力较高的田块可适当稀植。

四、科学施肥

“三追不如一底，年外不如年里”。油菜施肥要按照“底肥足，苗肥轻，腊肥重，薹肥稳，花肥补”的要领。一般要求基肥以长效肥和速效肥混施，每亩施粗肥1 000~1 500kg、复合肥30kg、尿素5kg、硼砂1kg。施肥2d后，每亩用5kg尿素或油菜专用复合肥与种子混匀同播。花期结合病虫害防治，每亩喷洒0.2%的磷酸二氢钾溶液50kg。

五、及时间定苗

苗后要及时间苗，做到1叶疏苗、2叶间苗、3叶定苗。3叶期可喷施多效唑防止高脚苗，可每亩用15%多效唑可湿性粉剂50g加水50kg喷施。在2~3叶期时要及早间苗，主要去除丛籽苗、扎堆苗以及小苗、弱苗，同时检查有无断垄缺行现象，尽早移栽补空。

4~5叶期后，根据田间苗情长势和施肥水平，适当定苗，一般每亩密度控制在 1.5 万~2 万株。

六、化学除草

在播种前每亩用 41%农达水剂 300ml 对水 30kg 或乙草胺 80~100ml 对水 15~20kg 进行地表喷雾除杀，或者在 11 月中下旬前，日均温度在 5~8℃，3 叶期前后每亩用 12.5%的盖草能乳油 50ml 或 10%高特克乳油 150ml 对水 30kg 喷雾，可分别防治禾本科杂草和阔叶杂草。

七、防冻保苗

（1）在 6~7 片真叶期喷施多效唑以增厚叶片，抑制根茎延伸，增强抗冻能力。

（2）在 12 月上中旬进行中耕培土，防止根茎外漏受冻。

（3）进行冬灌，但田间不能积水，浇后及时中耕保墒。

八、防病治虫

油菜主要病虫害有菌核病、猝倒病和蚜虫、菜青虫、黄曲跳甲等。其中以菌核病发生普遍，危害最大。防治上以防为主，除采取轮作、种子处理，做好清沟排渍、降低湿度等措施外，一般在初花期及盛花期用 40%菌核净可湿性粉剂 1 000~1 500倍液或 50%多菌灵可湿性粉剂 300~500 倍液喷施，每次每亩可喷洒药液 80~100kg。对感病品种和长势过旺的田块应在第 1 次施药后的 1d，施好第 2 次农药。

九、适时收获

适时收获是油菜生产的重要环节。在油菜终花后 30d、主轴角果 80%转为黄色、种皮呈现固有色质、种子不易捏烂时是油菜收割的最佳时期，要及早抢晴收割。

十、注意事项

（1）注意油菜不同品种统一规模化种植，不能插花种植。

（2）控制油菜的密度和播期，首播密度太小不能保证产量，密度太大花期又太集中。

（3）开花后期喷施磷钾肥，但要注意肥水控制，既要防止发生贪青迟熟倒伏，也要防止早衰。

第七章　甘薯绿色增产增效技术

一、黑地膜覆盖栽培技术

黑色地膜覆盖栽培甘薯能改善整个田间土壤小气候和甘薯生长发育的环境，保水增温，有利于克服无霜期短、早春低温干旱等不利因素的影响，可解决透明地膜覆盖草害严重、薯块生长细长的问题，是大幅度提高甘薯产量的有效措施。

（一）甘薯覆黑地膜的效果明显

1. 保温增温

黑地膜覆盖甘薯后，土壤能更好地吸收和保存太阳辐射能，地面受光增温快，地温散失慢，起到保温作用，为甘薯生根和生长打下了良好基础。

2. 调节土壤墒情

由于黑地膜的阻隔，可以减少土壤水分的蒸发，特别是春旱较重的年份，保墒效果更为理想。进入雨季，覆膜地块易于排水，不易产生涝害。遇后期干旱，覆膜又能起到保墒作用。

3. 增加养分积累

覆盖黑地膜后，土壤温度升高，湿度增大，微生物异常活跃，促进了有机质的分解，加速了营养物质的积累和转化。

4. 改善土壤物理性质

黑地膜覆盖栽培土壤表面不受雨水冲击，故土壤始终保持疏松，既有利于前期秧苗根系生长，又有利于后期薯块膨大。

5. 防治病、草为害

甘薯线虫病是甘薯生产上的一种毁灭性病害，目前，药剂防治效果不够理想，而覆盖黑膜后可利用太阳能，提高土壤温度，杀死线虫，防病效果好，又不污染环境。同时黑地膜透光性差，可抑制杂草生长，减少除草用工，避免杂草与甘薯争夺肥水和空间等。

6. 促进甘薯根、茎、叶的发育

黑地膜覆盖比露地栽培的甘薯发根早4~6d，根系生长快，强大的根系从土壤中吸取更多养分，为植株健壮生长和薯块形成、膨大奠定基础。黑地膜覆膜栽培由于条件适宜，长势旺，甘薯的分枝数、叶片数、茎长度、茎叶鲜重均比露地栽培增加50%以上。

7. 增产显著，品质提高

甘薯覆盖黑地膜后，薯秧生长快，薯块增产50%以上，并提高了大薯比率和淀粉含量。

（二）黑色地膜覆盖栽培技术要点

1. 整地施肥

深翻整地，改善土壤通气性，扩大甘薯根系分布范围，提高对水分和养分的吸收能力。结合整地施有机肥60t/hm^2、复合肥750kg/hm^2，最好施用硫基富钾复合肥，起垄种植。

2. 适时早栽

为了充分发挥地膜的作用，有效利用早春低温时的盖膜效果，做到适时早栽，一般可比露地早栽8~10d。

3. 栽秧盖膜

一般采用先栽秧后覆膜。方法是先把秧苗放入穴内，然后逐穴浇水，水量要大，待水渗完稍晾后埋土压实，并保持垄面平整，第 2d 中午过后，趁苗子柔软时盖膜，这样可避免随栽随盖膜易折断秧苗现象。盖膜后用小刀对准秧苗处割一个“丁”字口，用手指把苗抠出，然后用土把口封严。

4. 加强田间管理

缺苗要及时补栽，力争保全苗。要经常田间检查，防止地膜被风刮破。以后发现有甘薯天蛾、夜蛾等虫害要及时进行防治。

二、甘薯化学除草技术

（一）甘薯地杂草种类及特点

甘薯田主要杂草隶属 12 科 35 种，以禾本科杂草与阔叶杂草混生为主，常见一年生禾本科杂草以牛筋草、马唐、狗尾草、稗草、虎尾草、画眉草为主，阔叶杂草以反枝苋、马齿苋、铁苋菜、饭包草、葵、苘麻、鬼针草为主，莎草科杂草以碎米莎草、异型莎草及香附子为主。在甘薯扦插后生长前期主要以阔叶杂草反枝苋、葵、马齿苋、苘麻及莎草科的碎米莎草占优势，在扦插后生长后期（6—7 月），以一年生禾本科杂草牛筋草、马唐、稗草及狗尾草为主。

（二）甘薯田杂草发生特点

1. 杂草种类与种植方式有关

由于甘薯为春或夏季种植，前茬作物主要为玉米、大豆、花生，甘薯种植时土壤经翻耕，墒情较好，杂草发芽早，发生量大。在春甘薯的生育期内，杂草发生有 3 个高峰期，第 1 个高峰期为 5 月中下旬，此时土壤温度回升较快，杂草处于萌发盛期，杂草群落主要以阔叶杂草为主，杂草种类主要有反枝苋、葵、小葵、饭包草、苘麻、马齿苋、牛筋草、马唐、狗尾草，杂草群落主要以牛筋草、马唐、反枝苋、马齿苋等为主。

第2个高峰期为6月中下旬，此时正值雨季，降水量大，温、湿度高，一年生禾本科杂草生长旺盛，杂草群落以一年生禾本科杂草为主。杂草种类相对较多，主要有马唐、牛筋草、稗草、狗尾草、反枝苋、饭包草、铁苋菜、马齿苋等。第3个高峰期在7月下旬至8月下旬，此时前期未能控制的反枝苋、苘麻、稗草等具有一定空间生长优势，生长旺盛，与甘薯争夺光照及养分。

2. 杂草发生的种类与温度、湿度、光照等环境条件有关

在5—6月阔叶杂草反枝苋、马齿苋、鳄肠、葵发生量较一年生禾本科杂草严重，7—9月一年生禾本科杂草根系发达，无论从发生量及生物量上都远远超过阔叶杂草。

3. 杂草发生量大、危害重

甘薯扦插初期，甘薯田由于土壤湿度和地温逐渐升高，杂草发生较严重。扦插后杂草如不能被控制，雨季时一年生禾本科杂草发生明显上升，发生面积及危害程度最为严重，如防除不及时或防除措施不当，极易造成草荒，给甘薯的产量及品质带来很大影响。

（三）甘薯田杂草的化学防除

甘薯除草重点是扦插后至封垄前，此阶段及时有效的除草对甘薯的优质高产至关重要。

1. 禾本科杂草的化学防除

在禾本科杂草单生，而没有阔叶草和莎草的地块，可用氟乐灵、喹禾灵、拿捕净防除。常用的防除方法如下：每亩用48%的氟乐灵乳油80～120ml，对水40kg，于整地后栽插前喷雾注意在30℃以下，下午或傍晚用药，用药后立即栽薯秧。也可用氟乐灵与扑草净混用，每亩用喹禾灵乳油60～80ml，对水50kg，于杂草三叶期田间喷雾。用药时田间空气湿度要大，防除多年生杂草适当加大剂量，用药后2～3h下

雨不影响防效。每亩用 12.5%拿捕净乳油 60~90ml，对水 40kg，于禾草 2~3 叶期喷雾，注意喷雾均匀，空气湿度大可提高防效。以早晚施药较好，中午或高温时不宜施药。防除 4~5 叶期禾草，每亩用量加大到 130ml。防除多年生杂草时，在施药量相同的情况下，间隔 3 个星期分 2 次施药比中间 1 次施药效果好。

2. 禾草+阔叶草的化学防除

在以禾草与阔叶草混生而无莎草的地块，可用草长灭药剂防除。每亩用 70%草长灭可湿性粉剂 200~250mg，对水 40kg 左右，栽苗前或栽后立即喷雾。要求土壤墒情好，无风或微风，但要注意不能与液态化肥混用。

3. 禾草+莎草的化学防除

对以禾草与莎草混生而无阔叶草的薯田，可以用乙草胺防除。每亩用 50%乙草胺乳油 60~100ml，对水 40kg，栽薯秧前或栽薯秧后即田间喷雾。要求地面湿润、无风。乙草胺对出苗杂草无效，应尽早施药，提高防效。栽薯秧后喷药宜用 0.1~1mm 孔径的喷头。

4. 禾草+阔叶草+莎草的化学防除

在三类杂草混生的甘薯田，可用果乐和旱草灵防除。每亩用 24%果乐乳油 40~60ml，对水 40kg 喷雾。要求墒情好，最好有 30~60mm 的降水。喷药时，适宜在 16：00 后施药，精细整地，不能有大坷垃。

三、甘薯配方施肥技术

甘薯是块根作物，根系发达，吸肥力强，其生物产量和经济产量比谷物类高，栽插后从开始生长一直到收获，对氮、磷、钾的吸收量总的趋势是钾最多、氮次之、磷最少。一般中产类型的甘薯，每生产 1 000kg 薯块，植株需从土壤中吸收氮（N）

3.5kg、磷（P_2O_5）1.8kg、钾（K_2O）5.5kg，三种元素比例为1∶0.51∶1.57。

施肥方法。甘薯生长前期、中期、后期吸收氮、磷、钾的一般趋势是：前期较少，中期最多，后期最少。施肥的原则是以农家肥为主，化肥为辅，施足基肥，早施追肥。甘薯属于忌氯作物，应该慎用含氯肥料，如氯化铵、氯化钾等。

通过连续3年测土结果分析看，多数农户栽植甘薯选择中下等肥力地块，土壤有机质含量在1%~1.3%，土壤中氮相对丰富，磷中等，钾缺乏。根据上述土样检测和调查结果，目前甘薯高产施肥推荐如下技术：①产量指标，亩产2 500~3 000kg。②地块选择，中上等肥力，机翻深度20cm左右，精细整地。③施肥指标，优质农家肥3 000~4 000kg，化肥：46%尿素15~20kg或17%的碳酸氢铵40~54kg，14%过磷酸钙25~35kg，50%硫酸钾20~30kg。

施肥方法。尿素或碳酸氢铵的70%、硫酸钾的70%与过磷酸钙全部混合基施，余下的30%尿素或碳酸氢铵、30%硫酸钾在甘薯栽植后60d左右追施，可用玉米人工播种器追施。钾肥的选择，可用干草木灰每亩100~150kg，用时对水喷洒。在甘薯薯块膨大期，可叶面喷施0.3%磷酸二氢钾2~3次，每隔5~7d喷1次。

四、甘薯化学调控技术

以食用甘薯为试验材料，进行大田试验，对比施用不同浓度多效唑和缩节胺效果。多效唑和缩节胺是新型的植物生长延缓剂，具有延缓植物生长，促进分薯，增强抗性、延缓衰老的特点。化控剂对甘薯各生育阶段的茎蔓生长和块根产量的影响结果表明：喷施多效唑和缩节胺，可显著增加甘薯分枝数、茎粗、绿叶数、缩短茎长和单株结薯数，提高块根中干物质的分配率，显著提高块根产量。综合甘薯产量指标，在该试验条件下，喷施多效唑150mg/kg，对甘薯的增产效果最好，是适宜当地推广的模式。

多效唑和缩节胺均在夏甘薯封垄期（7月25日）进行第1次喷施，以后每15d喷施1次，共喷施3次。

喷化学调控剂5d后开始取样，以后每15d取样1次。方法：取样区内随机选点，每个点选取5株，挖出块根、洗净，称鲜重，重复3次；块根切片，地上部分为叶片、叶柄和茎蔓，在60℃下烘至恒重。收获期调查植株生长指标，并考察测产区内块根数量；以小区为单位称块根鲜重，计算平均单株结薯数和单薯重。

结果显示，多效唑和缩节胺对茎长均表现出显著效果；与对照相比，两种药剂处理对茎节长的减幅分别达到17.6%和20.4%，达极显著水平；多效唑的作用效果更好。

甘薯块根的形成、膨大与茎叶生长发育有密切的关系。已有研究表明，缩节胺对蔓和块根的干重分配百分率无影响，而用4 000mg/L、8 000mg/L处理植株有降低蔓的长度和节数的趋势。试验结果表明，喷施多效唑和缩节胺可有效控制甘薯茎的徒长，增加了绿叶数、分枝数和茎粗，增加了产量。可见，喷施化学调控剂有良好效果，有必要对其在不同肥力条件下的施用技术继续进行研究。

大量研究表明，一定浓度的多效唑可有效抑制甘薯的营养生长，促进生殖生长，增加光合速率，提高根冠比，具有显著的增产作用。缩节胺在甘薯封垄期施用最佳，最适量为75g/hm^2，缩节胺可抑制甘薯茎蔓的徒长，增加单株结薯数。刘学庆等研究表明，多效唑可显著增加甘薯分枝数，缩短茎蔓节间和叶柄长，减少营养生长能量消耗，利于建立合理群体，增加产量。试验结果表明，喷施多效唑和缩节胺可显著提高干物质在块根中的分配比率，增加产量。

因此，喷施多效唑和缩节胺对甘薯具有显著的增产效果。在试验条件下，喷施150mg/kg的多效唑增产效果最好，是适宜当地推广的模式。

五、甘薯套种芝麻技术

甘薯套种芝麻技术是将芝麻套种于甘薯垄沟间，这是短生育期直立作物和长生育期匍匐作物间的搭配，可以充分利用空间、地力和光能，提高单位面积的综合产量和效益。甘薯套种芝麻通常对甘薯产量影响较小，每亩可收获芝麻30~40kg。技术要点如下：

（一）正确选择套种方式，合理密植

甘薯起垄种植，垄宽一般70~80cm，1垄种植1行甘薯；每隔3垄甘薯，在甘薯垄沟间种1行芝麻，每亩留苗2 000~2 500株。

（二）因地制宜选用适宜芝麻品种

选用株型紧凑、丰产性好、中矮秆、中早熟和抗病耐渍性强的芝麻品种，以充分发挥芝麻的丰产性能，减少对甘薯生育后期的影响。

（三）加强田间管理

（1）整地时施足底肥，每亩施氮磷钾复合肥30~50kg。起垄前，每亩用辛硫磷200ml，拌细土15kg均匀施入田内，防治地老虎、金针虫、蛴螬等地下害虫。

（2）春薯地套种芝麻通常在5月上中旬，麦茬、油菜茬甘薯套种芝麻通常为6月上中旬，甘薯封垄前要及时中耕除草、间定苗、培土。芝麻初花期每亩追施尿素3~5kg，增产效果明显。

（3）芝麻成熟后及早收割。

（四）注意事项

（1）甘薯垄背半腰间套种芝麻，要抢墒抢种，在种植甘薯的同时或之前种上芝麻。

（2）甘薯封垄后要注意清沟培土，防止渍害。

（3）为预防涝害，可将芝麻套种在甘薯的垄背中下部。

第八章　杂粮绿色提质增产增效生产技术

第一节　谷子

一、麦茬直播谷子高产栽培技术

（一）产地环境

选择地势平坦、无涝洼、无污染、有灌溉条件的地块。

（二）播前准备

（1）小麦秸秆粉碎还田。用秸秆还田机切碎前茬秸秆，麦茬高度应控制15cm以内，秸秆切碎长度不超过15cm，并做到麦秸抛撒覆盖均匀。

（2）造墒。播种前如墒情不足，应于小麦收获后浇地造墒。

（3）选择免耕播种机。选用可一次性完成破茬清垄、精量播种、施肥、覆土镇压等多项作业的免耕播种机。

（4）品种选择。选择适合当地条件的抗旱、抗倒伏、高产优质、适宜机械化收获的谷子品种。可选用豫谷18、豫谷19、冀谷19等。

（5）种子处理。

①晒种。播种前10d内晒种1～2d，但防止暴晒，以免降低发芽率。

②精选种子。播种前对种子进行精选，用10%盐水对种子

进行精选，清除草籽、秕粒、杂物等，清水洗净，晾干。

（三）播种

（1）播期与播量。小麦收获后及时播种，适宜亩播种量为0.4～0.6kg。根据土壤墒情、种子发芽率控制用种量，以不缺苗不间苗为宜。

（2）播种。播种行距一般为50cm，播种深度2～3cm。播种要匀速，保证破茬清垄效果，播种、施肥、镇压均匀。

（四）施肥

（1）基肥。中等地力条件下，亩施氮磷钾复合肥（15-15-15）30kg做底肥。

（2）追肥。分拔节肥和花粒肥2次施用。拔节肥：拔节期结合灌水亩追施尿素10～15kg；花粒肥：灌浆初期叶面喷施0.2%磷酸二氢钾水溶液2次。

（五）田间管理

（1）杂草防治。播种后出苗前可采用44%单嘧磺隆（谷友）100～120g/亩封地处理。抗除草剂品种采用配套除草剂化学除草。

（2）病虫害防治。

谷瘟病：发病初期用40%克瘟散乳油500～800倍液喷雾，或6%春雷霉素可湿性粉剂500～600倍液喷雾，每亩用药液40kg。

白发病：用25%的甲霜灵（瑞毒霉）可湿性粉剂按种子重量的0.3%拌种。

黏虫：高效、低毒、低残留的菊酯类农药，对水常规喷雾。

玉米螟：播种后1个月左右（孕穗初期）用高效、低毒、低残留的菊酯类农药，对水常规喷雾。

地下害虫防治：用50%辛硫磷乳油30ml，加水200ml拌种10kg，防治蝼蛄、金针虫、蛴螬等地下害虫及谷子线虫病。

（六）机械收获

一般在蜡熟末期或完熟初期，此期种子含水量20%左右，95%谷粒硬化。采用联合收割机收获，可大幅度提高生产效率。

二、无公害高产高效谷子栽培技术

（一）轮作倒茬和选地整地

谷子必须合理轮作倒茬，最好相隔2~3年。前茬以豆类最好。选择pH值在7左右的壤土，谷籽粒小，要求精细整地。

（1）春播。前茬作物收获后，及时进行秋翻，秋翻深度一般在20~25cm，要求深浅一致、平整严实、不漏耕。底肥可随秋翻施入。早春耙耢，使土壤疏松，达到上平下碎。

（2）夏播。前茬作物收获后，有条件的可以进行浅耕或浅松，抢茬的可以贴茬播种。

（二）播种

选用豫谷18等优质、高产、多抗新品种，也可引种山东、河北南部推广品种。购买谷种时不盲信广告和传言。

种子质量：种子发芽率不低于85%，纯度不低于97%，净度不低于98%，含水率不高于13%。

种子处理：播前10d内，晒种1~2d，提高种子发芽率和发芽势。用10%盐水进行种子精选，去除秕粒和杂质。清水洗净后，晾干。

精量播种：

（1）播期。春播：10cm地温稳定在10℃以上就可以播种。但也不宜过早，避免谷子病害发病严重。一般在5月上旬开始播种。夏播：前茬收获后应抢时播种，越早越好。争取6月底前完成播种。

（2）播量。建议使用精播机播种，亩用种量0.4~0.6kg。墒情好的春白地0.4kg左右，贴茬播种0.5~0.6kg。播种做到深浅一致，覆土均匀，覆土2~3cm，适墒镇压。

（3）种植方式。行距40~50cm，株距3~4cm，每亩留苗4万~5万株。

（三）田间管理

1. 间苗、定苗

俗话说“谷间寸、顶上粪”，说明早间苗的重要，4~5叶间苗、6~7叶定苗，提倡单株留苗或小撮留苗（3~5株），撮间距15~20cm。中耕后进行1次“清垄”，拔去谷莠子、病株、杂株等。

2. 化学除草

每亩用44%谷友可湿性粉剂80~120g，对水50kg，播后苗前土壤喷雾，防除阔叶和禾本科杂草。

3. 中耕管理

幼苗期结合间定苗中耕除草。拔节后，细清垄，进行第2次深中耕，将杂草、病苗、弱苗清除，并高培土。孕穗中期进行第3次浅锄，做到“头遍浅，二遍深，三遍不伤根”。

4. 水管理

全生育期谷子对水分需求量在130~300m^3/亩，平均为200m^3/亩。拔节期、抽穗期如发生干旱应及时灌水，灌浆期如发生干旱应隔垄轻灌。

5. 肥管理

（1）施肥量。亩施腐熟的优质有机肥1 500kg以上、施磷酸二铵10kg左右、尿素10~15kg、硫酸钾3~5kg。

（2）施肥方法。磷酸二铵和硫酸钾全部用作底肥，尿素1/2做种肥，1/2做追肥，追肥时间为孕穗期中期。

6. 病虫害防治

谷瘟病：发病初期用40%克瘟散乳油500~800倍液喷雾，

每亩用量 75～100kg；或用春雷霉素 80 万单位喷雾，每亩 75～100kg。

白发病：用35%的甲霜灵（瑞毒霉）可湿性粉剂按种子重量的0.3%拌种。

黏虫：用高效、低毒、低残留的菊酯类农药，对水常规喷雾。

玉米螟：播种后 1 个月左右（孕穗初期）用高效、低毒、低残留的菊酯类农药，对水常规喷雾。

地下害虫防治：50%辛硫磷乳油按种子量0.2%用量拌种或浸种，或用50%辛硫磷乳油按 1 L 加 75kg 麦麸（或煮半熟的玉米面）的比例，拌匀后闷 5 h，晾晒干，播种时施入播种沟内。

（四）谷子收获

谷子以蜡熟末期或完熟初期收获最好，收获割下的谷穗要及时进行摊晒防止发芽、霉变。大片地块推荐施用谷子联合收割机收获。

三、杂交谷子栽培技术

（一）杂父谷子品种

目前已育成“张杂谷 1 号、2 号、3 号、5 号、6 号、8 号、9 号”7 个品种，形成了适应水、旱地，春、夏播，早、中、晚熟配套的品种格局，基本覆盖了我国谷子适播区的所有生态类型。

张杂谷 3 号表现抗逆性较强，高抗白发病、线虫病。抗旱、抗倒、适应性强、适应面广、高产稳产、米质优、适口性好，2005 年在全国第六次小米鉴评会上评为优质米。适宜推广范围：河北、山西、陕西、甘肃、内蒙古自治区等省（区）北部≥10℃积温 2 600℃以上的地区均可种植。张杂谷 5 号高抗白发病、线虫病。米质特优，适口性好，产量潜力大，适合肥水条件好的地块种植。尤其在具备水浇条件的低产玉米田种植，产量、效益更好。张杂谷 6 号品种生育期短，适宜无霜期相对较短的地区种植。张杂谷 8 号为春夏播兼用的杂交种。该品种根系发达，茎秆粗壮，叶片宽厚，生长势强。适宜推广范围：河北、山西、陕西、甘肃、内蒙古自治区等省（区）北部≥10℃积温 2 900℃以上肥水条件好的地区春播种植。河北、山西、陕西、河南等省二季作区夏播种植。

（二）杂交谷子优势表现

作物杂种优势利用是提高产量的有效途径，杂交玉米、杂交水稻已成功地应用于生产。张家口市农业科学院在各级农业科技部门的长期支持下，历经了两代人 39 年杂交谷子研究，育成了系列品种并在生产中成功应用，是作物杂种优势利用的又一重大突破，是谷子生产史上的重要里程碑。

杂交谷子的优势首先是产量高，经济效益显著，谷子杂交种比当地常规种普遍增产幅度达 30%以上，亩增产 100kg 以上，亩增收超过 260 元。其次，抗逆性、稳产性、适应性好，杂交谷子高抗白发病、黑穗病，适应范围广，产量年度间、地区间变化小，稳产性好，经推广证实是经得起检验的优良种子；再次，品质好，消费者认可，杂交谷子解决了高产与优质的矛盾。小米色泽黄亮，米形整齐一致，口感好，香味浓。“张杂谷 1 号、2 号、3 号、5 号”被粟类作物协会评为优质米，是消费者非常认可的杂交谷子；最后，抗除草剂，省工省力，杂交种除草、间苗可以通过喷施特定除草剂完成，节省用工，易于简化规模栽培，种植谷子同种植玉米一样省事。

（三）杂交谷子栽培特点

杂交谷子也是谷子，其栽培措施除留苗密度和施肥与常规谷子不同外，其余栽培措施按照常规谷子操作即可。

（1）留苗密度。杂交谷子个体优势明显，为提高杂交谷子的产量，就要充分发挥个体优势，应该稀植栽培。经过近年的摸索和试验，杂交谷子春播品种的最佳密度在 0.8 万~1.2 万株/亩，夏播品种的最佳密度在 2 万~3 万株/亩。稀植栽培的好处有两点：一是留苗少了，可以直接用锄头间苗，节省了用工；二是用常规谷子 2~3 株的营养和水分供应 1 株杂交谷子所需，可以充分发挥个体生产潜力，也表现出了更好的抗旱性和抗倒性。

(2) 施肥。作物产量是靠肥、水、光、热等换来的，对于种植在旱地的谷子，为提高产量，只能增加肥料的投入。杂交谷子具备了比常规谷子更高产量的潜力，相应的肥料投入也要比常规谷子多一些。提倡在定苗时结合中耕施肥 5kg，拔节期结合中耕施肥 10kg，孕穗期追肥 10kg。

第二节　大　豆

一、大豆绿色增产模式

大豆是我国最为重要的高蛋白粮食作物，而黄淮海流域高蛋白优质食用大豆的播种面积约占全国大豆总面积的 1/3。长期以来，如何有效处理麦秸，保证大豆播种质量等成为大豆绿色增产的一道难题。

(一) 大豆麦茬免耕覆秸精播模式

1. 研发多功能机械

大豆麦茬免耕覆秸精播模式的核心，是采用了一种新机械，简化田间作业程序的大豆绿色增产技术集成。近几年，国家大豆产业技术体系和山东省杂粮产业技术体系联合郓城工力公司，研制出麦茬夏大豆免耕覆秸精量播种机来播种。一部机械解决了传统上小麦大豆轮作遇到的麦茬难处理，遗留的高麦茬严重影响大豆播种、影响豆苗正常生长、诱因病虫害等种植难题。还消除了农民为了争抢农时，常常将麦茬“一烧了之”，造成严重的环境污染等一系列问题。

一些地区尝试多种传统方法进行麦茬免耕播种，但效果并不理想。大豆缺苗断垄较为严重，大豆产量低、效益差，挫伤了农民生产积极性，大豆种植面积连续多年出现下滑。经过农机、农艺专家和相关综合试验站团队的通力合作，科研人员研发出麦茬夏大豆秸秆覆盖栽培技术模式，研制出麦茬夏大豆免耕覆秸精量播种机，大豆生产走向农机农艺结合的绿色增产道路。

2. 集成大豆绿色增产技术体系

经过农机、农艺专家和相关综合试验站团队的通力合作，目前已形成了农机、农艺、配套品种有机结合、高度轻简化的麦茬免耕覆秸精量播种技术体系。一次作业完成六大工序，减少田间作业环节，省工省时，增产增效，实现大豆绿色增产目的。使用该技术，只需一次作业即可完成“侧向抛秸、分层施肥、精量播种、覆土镇压、封闭除草、秸秆覆盖”等六大环节，全程机械化，无须灭茬，省去动土、间苗等，大幅度减少人力、物力与机械消耗，降低生产成本，提高大豆种植效益。

3. 模式的多种优势

大豆麦茬免耕覆秸精播模式主要有七大优势。

（1）免耕覆秸精量播种明显降低种床硬度。据调查，免耕覆秸精量播种的播种带土壤硬度为 2.9kg/cm^2，行间土壤硬度为 13.7kg/cm^2，较传统播种机播种方式的土壤硬度值明显降低，对播种带和种植行间的土壤都有一定的疏松作用，有利于大豆的出苗和生长发育。

（2）免耕覆秸精量播种有利于保墒。免耕覆秸精量播种后由于秸秆均匀覆盖播种苗带，土壤湿度日变化较小，利于大豆出苗及生长发育。而常规机械播种和人工小耧播种由于播种苗带覆盖不严，土壤湿度变化较大。

（3）免耕覆秸精量播种显著提高大豆播种匀度。免耕覆秸精量播种的植株比较均匀分布，没有拥挤苗，单粒合格指数高，重播指数和漏播指数较低。

（4）免耕覆秸精量播种利于大豆生长、发育。免耕覆秸精量播种条件下，因大豆苗匀，其农艺性状、产量结构等方面均优于常规机械播种。

（5）免耕覆秸精量播种有利于降低成本。免耕覆秸精量播种比常规机械播种每亩成本低 40.0 元以上，比人工小耧播种每亩成本低 80 元以上。在人工间苗条件下，免耕覆秸精量播种比常规机械播种每亩成本低 130 元以上。

（6）免耕覆秸精量播种利于增加效益。免耕覆秸精量播种亩经济效益比常规机械播种高 150 元以上。与人工间苗工序相比，免耕覆秸精量播种比常规机械播种每亩净收入增加 200 元以上。

（7）施肥均匀一致，减少追肥环节。根据地力水平、目标产量，确定缓控释肥用量，大豆全生育期间不追肥，减少用工，提高肥料利用率，减少肥料使用量。

4. 示范区效果显著

大豆麦茬免耕覆秸精播模式应用示范效果令人十分满意。如鄄城县旧城镇大王庄村示范区，推广应用大豆麦茬免耕覆秸精播模式前，每年回收麦茬秸秆，一亩地至少要花 35 元，加上播种大豆、施肥打药等作业分次完成，所需费用至少 90 元。现在应用大豆麦茬免耕覆秸精播模式，只需 1 台机器，就能一次性完成秸秆粉碎覆盖、大豆播种、喷施农药等多项作业，成本仅需 40 元。应用该技术不仅能节约成本，增产效果也非常明显。

（二）优质高产大豆新品种配套栽培技术集成模式

优质高产大豆新品种配套栽培技术集成，就是因地制宜选用良种，实现良种、良机、良法配套和全程优质服务。其主要技术环节是：

1. 适时抢墒精播

"春争日，夏争时"，抢时播种并实现一播全苗，这是夏大豆获得高产的关键。推广大豆抢茬抢时免耕机播，也可在麦收后抓紧灭茬播种，最好用旋耕、施肥、播种、镇压、喷药、覆盖秸秆一体机播种，提高播种质量，有条件的地方还可用大豆免耕覆秸播种机播种。如遇干旱，可浇水造墒播种。应根据品种特性和土壤肥力水平，结合化控技术，合理增加密度，提高大豆单产。一般亩用种量4~6kg，单粒精播可减少用种量，播种行距40cm，每亩1.6万~1.8万株，土壤瘠薄地块可增至2万株以上。

2. 加强水肥调控

播种时可结合测土配方施肥，适当增施磷、钾肥，少施氮肥。一般亩施45%的复合肥或磷酸二铵15kg左右，可使用种肥一体机，做到播种、施肥一次完成。在大豆开花前（未封垄），每亩追施大豆专用肥或复合肥10kg左右；进入开花期遇干旱浇水，可促进开花结荚，增加单株粒数；鼓粒期注意浇水和喷洒叶面肥，浇水可防止百粒重降低，喷洒磷酸二氢钾、叶面宝等叶面肥可防植株早衰，增加粒重。

3. 合理使用除草剂

使用除草剂应严格按照说明书规定的使用范围和推荐剂量使用，避免当季造成药害或影响后茬作物生长。播后苗前封闭除草，一般每亩用50%乙草胺100~130ml，还可以使用72%金都尔乳油混加3~5g 20%豆磺隆可湿性粉剂，对水50kg地面喷洒。田间秸秆量大的地块，仅采用封闭除草往往不能达到很好的防除效果，可根据土壤情况、杂草种类和草龄大小选择除草剂进行苗后除草。防治单子叶杂草主要有精喹禾灵、盖草能、精稳杀得等，防治双子叶杂草主要用克阔乐、氟磺胺草醚等。在大豆3片复叶期内，每亩用24%克阔乐30ml+12.5%盖草能乳油30~35ml，对水40~50kg喷施，可同时防除单子叶和双子叶杂草。

4. 适时收获

大豆收获的最适宜时期是在完熟初期，收割机应配备大豆收获专用割台，减轻拨禾轮对植株的击打力度，减少落粒损失。正确选择、调整脱粒滚筒转速和间隙，降低籽粒破损率。机收时还应避开露水，防止籽粒黏附泥土影响商品性。

（三）大豆测土配方施肥模式

大豆根部固氮菌，能够固定空气中的氮，提供自身所需2/3的氮素，氮肥的施用量一般以大豆总需肥量的1/3计算，因此大豆施肥，要考虑其需肥特点和自身的固氮能力。磷、钾肥在提高大豆产量方面作用明显，钼肥可促进大豆生长发育和根瘤的形成。因此，生产上进行测土配方施肥十分重要，开展夏大豆氮肥用量和配方施肥试验，为大豆生产提供指导。

（四）大豆病虫害综合防治模式

大豆病虫草害的综合防治，是运用大豆病虫草害防治知识，针对大豆主要害虫、主要杂草等，按照绿色生产的标准，采用物理、化学、生物、农艺等措施，把土壤处理、种子处理、轮作处理、灭草处理与病虫害处理等进行综合集成，提高病虫草害综合防治成效，保护生态环境，控制各种残留，提高大豆市场竞争力，提高种植大豆的经济、社会、生态效益。

（五）大豆除草剂安全施用模式

大豆除草剂安全施用模式主要是注意三大技术环节：一是

因地制宜，选药准确。选择大豆苗后除草剂，精喹禾灵残效期短，对下茬作物安全，应为首选药剂。二是严格标准，科学混配药液。大豆播后苗前化学除草每亩地使用精喹禾灵 200ml 加水 30kg。配制混配农药时，先将大豆苗后除草用的精喹禾灵按照使用说明以及用药标准倒入器具内，再把乳油农药用少许清水稀释成母液后加入器具，最后加入事先准备好的定量清水。切记不能先将器具加满水后再加入药液。其目的是为了防止清水与药剂不能充分溶和，故而造成喷施不均导致药效差。三是适时喷施，保证水量充足。大豆不可播后马上喷药，防止干旱等天气影响药效，但也不能太晚。正确的方法是：墒情好的地块在播后 3~4d 喷药，墒情较差的地块在出苗前 4~5d 时喷药。所以在应用苗前除草技术时，一定要注意水量充足。以农用小四轮拖拉机牵引的气喷式喷雾器为例，其容重 175~200kg，配用高压喷嘴，前进速度 2 挡中油门，这样每罐药液可喷施 6~7 亩，保证亩施水量 30~35kg。同时视土壤墒情和气候条件，可随时补喷一次清水，每亩 20~30kg，以提高药效。

（六）大豆低损机械收获模式

大豆收获损失是指大豆在田间收割过程中造成的损失。目前大豆机械化收获损失较大，中国农业科学院农业经济研究所调查，内蒙古大豆机械收获环节的损失率为 5.55%~5.77%，黑龙江大豆机械收获环节的损失率为 8.06%~10.23%。国外研究显示：大豆机收总损失率是 9.8%~19.3%，割台损失占 80%。其中，落粒损失占 55%，掉枝损失及倒伏占 28%，割茬损失为 17%。国内研究分析，田间作业环境条件下，掉枝及落粒损失占 94%，而倒伏及割茬损失只占 6%，切割器是造成掉枝及落粒损失的重要原因。

据调查，造成机械收获大豆损失量大主要有五大原因：一是土地不平整，收割机在高低不平的土地上收割，割台高度难以控制，割台上下摆动，高茬、漏割、炸夹严重；二是大豆第 1

节、第 2 节结荚部位底，低于割台正常位置，漏割损失；三是拨禾轮引起炸夹损失；四是由于大豆密集生长，大豆之间的间距小，甚至缠结在一起，机收时拨禾轮要不断地把豆枝分开，拨禾轮和弹齿直接作用在大豆枝荚上，造成大豆炸荚，豆粒脱落加重，同时还由于大豆秧弹性较大，特别是植株较干的时候，更易炸荚和枝荚弹出而损失；五是大豆易倒伏，尤其是倒伏在洼坑里的大豆损失更大。主要原因是割台离地面有一定的高度，要有割茬。当大豆倒伏低于割茬或倒伏在洼坑时，收割机无法收起，造成收获损失。有时驾驶员为了减少损失，尽可能降低割茬，经常出现割台撮土现象。

针对上述问题，减少大豆机械化收获损失是一个系统工程。解决途径首先从整地播种开始，机收大豆地面要平整，播种要精细，行间距、株间距要均匀，大小行易分清；二是大豆苗期要稳长，调整底层结荚位高于割台底限；三是大豆初花期使用化控剂控制旺长，预防大豆倒伏；四是调整拨禾轮转速；五是改顺垄收割为垂直垄向收割，让拨禾轮在遇大行时拨禾，防止拨禾轮引起炸夹。

二、大豆绿色增产技术

大豆绿色增产技术是建立在培肥地力、合理搭配良种、高效利用肥水的基础上，实行农机农艺结合、良种良法和良机配套。

（一）根据品种的农艺要求正确使用适宜的机械

种植方式一般是条播，行距 40~50cm，苗密度 15 万株/hm^2 左右。夏播品种生育期 105~110d，株高 80~90cm，亚有限结荚习性，株型收敛，主茎 16~18 节，有效分枝 1.5~2.5 个，单株有效荚数 30~35 个，单株粒数 80~90 粒，单株粒重 20g 以上，百粒重 25.0g，丰产性与稳产性好。机械化收获要把握好以下 5 个环节。

1. 选择机械

按照所选择品种的农艺要求，采用了 2BDY-3/4 型单粒玉米、大豆精量播种机，该机行距在 40~65cm 可调，换挡调株距：1 挡对应株距 9cm，2 挡对应株距 13cm，3 挡对应株距 14cm，4 挡对应株距 17cm，5 挡对应株距 20cm，6 挡对应株距 24cm。播种行选定 45cm。

2. 适期精细播种

如品种菏豆 19 号，夏播大豆时期，选择在 6 月 5—15 日，使用 2BDY-3/4 型单粒玉米、大豆精量播种机，行距 40cm，株距 17. 5cm，播种对应挡位 4 挡出苗率 80%，系数 10%，推算用种量 32. 6kg/hm^2。结合播种，施大豆专用肥。当播种地块含水量过大或过小时，应注意开沟器和转筒壅土阻塞。播种机下落入土时液压手柄应缓放，轻松入土。

3. 田间管理

大豆生长到 3~4 叶时即可进行杂草防治。①化学剂防治杂草，用电动喷雾器，喷雾防杂草，既节约人力，效率高，喷雾均匀，又节约药量。②机械化浅耕与锄杂草结合，利用微型履带式 3WJ5 型田园机，进行改装上 4 排旋耕松土刀片，宽度 30cm，能在大豆行间穿梭行驶，由于预先留有微型机田间管理通道，调头转弯时不碾压庄稼，不损坏邻地的作物。改装的微型履带式 3WJ5 型田园机效率 2. 5~3. 0 亩/h，相当人力锄耕的 20~25 倍，而且耕作质量高，效果好。采用此种方法，能起到松土保墒的作用，对大豆中后期生长十分有益，同时又能减少药害，缺点是比化学防控费工时。③根据防虫测报，及时防虫，条件允许时，采用机械化施药，效率高，节省药剂，防控及时，效果好。

4. 机械化收获

（1）正确调整割台，控制割台损失和籽粒损伤。在大豆的收获过程中，一般割台所造成的损失在总损失中所占的比例超过80%。割台损失的控制主要可从以下几方面调整。一是减少掉枝所造成的损失。控制方法可在喂入量允许的情况下提高行进速度，或者适当地调整拨禾轮的高度。二是减少漏割。控制方法可通过调整割茬的高低来实现。目前，种植的大豆品种最低结荚高度为8~11cm，因此收获时的割茬以5~7cm为宜。三是减少炸荚损失。应调整摆环传动带的张紧度，保证割刀锋利，控制割刀间隙大小；减轻拨禾轮对豆秆、豆荚的刮碰和打击力度。根据收获的豆秆含水率，控制拨禾轮的转速。同时，还要尽量避免拨禾轮直接打击豆秆。四是轴流滚筒活动栅格凹板出口间隙的调整。该间隙分为6档。即5mm、10mm、15mm、20mm、25mm、30mm，分别由活动栅格凹板调节机构手柄固定板上6个螺孔定位。手柄向前调整间隙变小，向后调整间隙变大。收获大豆间隙应控制在20~30mm。

（2）减少机体损失。一控制未脱净损失。收获大豆时，脱粒滚筒转速约700r/min，可通过对换中间轴滚筒皮带轮与轴皮带轮实现。分离滚筒转速可控制在约600r/min，可通过调整翻转板齿滚筒端齿链轮实现。二控制裹粮损失。当收获豆秆的水含量超过19%时，其不易折断，不宜收获，裹粮损失大。三控制夹带损失。提高风扇的转速，调大颖壳筛开度，调高尾筛角度，减少因大豆秸秆夹带而产生的损失。

5. 适时收割，合理使用机械

（1）正确选择脱粒滚筒转速和间隙。收获早期，滚筒转速应控制在700r/min左右，入口间隙一般为20~28cm，出口间隙8~10cm；收获晚期，脱粒滚筒转速一般应控制在600r/min。入口间隙一般为25~30cm，出口间隙为8~15cm。

（2）适时收获。选择在大豆有足够硬度和强度时收获，以避免造成破损。

（3）正确调整杂余升运器、喂入籽粒链耙及刮板链条的松紧度。

(4) 卸下复脱器2块搓板，防止大豆经受强力揉搓。

(5) 尽量避免复脱器、脱粒滚筒、杂余及籽粒推运搅龙等输运部位堵塞，以减少豆粒破碎。

(二) 预防夏大豆症青技术

1. 摸清大豆症青的诱因

(1) 品种间差异。大豆属短日照作物，对日照长短反应极敏感。不同的大豆品种与其生长发育相适宜的日照长度不同，只要实际日照比适宜的日照长，大豆植株则延迟开花。反之，则开花提早。大豆进入开花期，营养生长与生殖生长是否协调同步，光、温、水、气等生长条件是否适宜，并能适时由前期的以营养生长为主转化为以生殖生长为主，是决定症青是否发生的关键。多年的实践证明，不同大豆品种，其生育期、抗逆性不同，症青发生轻重不同。一般情况下，开花早，花期集中，灌浆快的中、早熟品种发生较轻，而一些后期生长势强，丰产潜力大的偏晚熟品种发生较重。抗旱、耐涝、耐高（低）温、综合抗性好的品种发生轻，综合抗性差的品种发生重。

(2) 不良气象因子的影响。大豆属喜光作物，大豆的光补偿点为2 540~3 690lx，光饱和点一般在30 000~40 000lx，光补偿点和光饱和点都随着田间通风状况而变化。整个生育期发育进程受光照、温度、降水等气候因子影响很大。大豆对这些气候因子反应比较敏感。同一优良品种在同一地区种植，不同年份、气候条件不一样，症青发生的程度不同。湿润的气候，充足的光照，有利于大豆各生育阶段的生长发育，无症青发生或发生较轻。而多雨、干旱、发育中后期高温、低温等不利的气候条件，有利于症青发生，尤其是在花荚期遇到低温和阴雨连绵，如2008年连阴天气，2017年7月中下旬至8月上旬33℃以上的持续高温天气，均造成花荚大量脱落。再如遇后期忽然降温，影响大豆灌浆速度，贪青晚熟，症青发生就多且重。

（3）栽培措施不当。一是播期过早。大豆是典型的 C_3 作物，光合速率比较低，光合速率高峰出现在结荚鼓粒期。播种过早，植株营养生长期太长，导致大豆开花期生理年龄太老，难以结荚。播期过晚，减少大豆生育期间能量的积累，后期如遇低温，影响大豆灌浆速度，利于症青发生。二是种植密度过大。密度过大影响通风透光，使田间小气候变劣，光合作用削弱，造成花荚脱落，利于症青的发生。三是施肥不合理。氮肥过量，造成植株徒长，枝繁叶茂，田间郁闭，荚果稀疏，贪青晚熟。四是除草剂和植物生长调节剂使用不当。除草剂、生长调节剂等影响大豆植株的正常生长发育，易引起症青。

（4）病虫害防治不及时。实践证明，蓟马、烟飞虱、豆秆黑潜蝇、点蜂缘蝽等害虫发生后，防治不及时，危害大豆正常发育，营养失调，造成植株不能正常开花结实出现症青。

2. 预防大豆症青，实现优质高产的技术措施

在大豆生产过程中，上述任何一个因素起作用就可以发生症青，但大豆症青的发生往往不是单一因素作用的结果，所以还要采用综合防治的技术措施，才能实现大豆的优质高产。

（1）选择优良品种。大豆要实现优质高产，一定要有一个适宜的生物产量做基础，经济产量与生物产量比要适当。大豆的生态适应性是特别明显的，只有种植与生态条件相适应的品种，才能获得高产。因此，必须根据当地的气候、土壤条件，因地制宜选种高产品种。

（2）做好种子处理。一是精选种子。去除豆种中的杂粒、病粒、秕粒、破粒和杂质，提高种子净度和商品性。播种用大豆种子质量要达到大田良种标准以上，纯度≥98%，净度>99%，发芽率>85%，水分<12%。二是播种前晒种，可以提高种子的发芽率和生长势，提早出苗 1～2d。三是根瘤菌拌种，建议用农业部登记的大豆液体或固体根瘤菌剂，按说明书用量拌

入菌剂，以加水或掺土的方式稀释菌剂均匀拌种，拌完后在12h尽快播种；也可以在种子包衣时加入大豆根瘤菌菌剂，但是要注意包衣剂和根瘤菌剂之间应相互匹配，不能因种衣剂药效抑制根瘤菌的活性。四是种子包衣。采用35%多福克悬浮种衣剂，按药种比1：80进行种子包衣，可有效预防大豆根腐病、胞囊线虫病和苗期虫害，促进出苗成活。

3. 合理安排茬口，适时早播

（1）墒情要适宜，由于大豆发芽、出苗需水量较大，所以在播种前要根据实际情况进行耕地造墒，适墒播种。

（2）大豆不宜重茬，也不宜和其他豆科连作。通过轮作、倒茬，减轻病虫害的发生。

（3）适期早播，而且播种越早产量越高。研究证明，自6月中旬起，每晚播1d，平均减产1.5kg/亩左右。所以麦后直播大豆宜在6月上中旬及早进行。

（4）合理密植，一般以大豆开花初期能及时封垄作为合理密植的判断标准。根据土壤肥力、品种特性及播种早晚确定合理的种植密度。一般播种量3~5kg/亩，行距0.4~0.5m，株距0.1~0.13m，1.1万~1.5万株/亩。薄地、分枝少的品种、播种晚的密度应大一些；肥地、分枝多的品种、播种早的密度应小一些。提倡机械精细播种。播种时要求下种均匀，深浅一致，覆土厚度以3~4cm为宜。出苗后早间苗、早定苗，对缺苗断垄的要及时移栽补苗。

4. 推广测土配方施肥

在测土化验的基础上，根据土壤实际肥力，科学确定氮、磷、钾施肥量，合理增加硼、钼等微量元素肥料的施用，做到均衡配方施肥。

（1）早施苗肥。在大豆幼苗期，追施尿素4~6kg/亩、过磷酸钙8~10kg/亩，或大豆专用肥10kg/亩。

（2）追施花肥。在初花期追施适量的大豆专用肥或复合肥，使大豆营养均衡，可减少花荚脱落，防止症青株的发生，增产15%左右。土壤肥沃，植株生长健壮，应少追或不追氮肥，以防徒长。基肥施磷不足时，应在此时增补，施过磷酸钙7～9kg/亩。

（3）补施粒肥。大豆进入结荚鼓粒期后，进行叶面喷肥。一般用尿素500g/亩、硼钼复合微肥15g/亩、磷酸二氢钾150g/亩，对水40～50kg/亩，均匀叶面喷施，肥料应根据具体情况适当调整，可喷施2～3次，满足大豆后期生长需要，做到增产提质。

5. 化学调控

对肥力较好的地块，雨水较大的年份，或产量较高但抗倒性不太强的品种，或前期长势旺、群体大、有徒长趋势的田块，可在大豆初花前进行化控防倒，用缩节胺250g/L水剂20ml/亩对水50kg/亩喷施，或15%多效唑50g/亩对水40～50kg/亩喷施。而对肥力较差的地块，雨水较小的年份，或抗倒性较强的品种，可适时喷些刺激生长的调节剂或多元微肥。鼓粒期喷施磷酸二氢钾、叶面宝等叶面肥，可预防植株早衰，增加粒重。但要注意，使用时要先做试验，根据说明严格掌握用量，切忌盲目使用。

6. 及时排灌

大豆幼苗期，轻度干旱能促进根系下扎，起到蹲苗的作用，一般不必浇水。在花荚期当土壤相对含水量低于60%时浇水，能显著提高大豆产量。鼓粒期遇旱及时浇水，能提高百粒重。接近成熟时土壤含水量低些有利于提早成熟。雨季遇涝要及时排水。

7. 适时收获

大豆生长后期，当植株呈现本品种的特性时，要适时收获。

一般情况下，人工收获应在黄熟期进行，即田间植株 90%的叶子基本脱落，豆粒发黄；机械收获应在完熟期进行，即叶片脱落，荚皮干缩，种子变硬，具有原品种的固有色泽，摇动植株时有响声。但是，对于有裂荚特性的品种要及时收获，以保证丰产丰收。

三、大豆机械化生产技术标准

在大豆规模化生产区域内，提倡标准化生产，品种类型、农艺措施、耕作模式、作业工艺、机具选型配套等应尽量相互适应，科学规范，并考虑与相关作业环节及前后茬作物匹配。

随着窄行密植技术及其衍生的大垄密、小垄密和平作窄行密植技术的研究与推广，大豆种植机械化技术日臻成熟。不同乡村应根据本标准，研究组装和完善相应区域的大豆高产、高效、优质、安全的机械化生产技术，加快大豆标准化、集约化和机械化生产发展。

（一）播前准备

1. 品种选择及其处理

（1）品种选择。按当地生态类型及市场需求，因地制宜地选择通过审定的耐密、秆壮、抗倒、丰产性突出的主导品种，品种熟期要严格按照品种区域布局规划要求选择，杜绝跨区种植。

（2）种子精选。应用清选机精选种子，要求纯度≥99%，净度≥98%，发芽率≥95%，水分≤13.5%，粒型均匀一致。

（3）种子处理。应用包衣机将精选后的种子和种衣剂拌种包衣。在低温干旱情况下，种子在土壤中时间长，易遭受病虫害，可用大豆种衣剂按药种比 1∶（75~100）防治。防治大豆根腐病可用种子量 0.5%的 50%多福合剂或种子量 0.3%的 50%多菌灵拌种。虫害严重的地块要选用既含杀菌剂又含杀虫剂的包衣种子；未经包衣的种子，需用35%甲基硫环磷乳油拌种，以防治地下害虫，拌种剂可添加钼酸铵，以提高固氮能力和出苗率。

2. 整地与轮作

（1）轮作。尽可能实行合理的轮作制度，做到不重茬、不迎茬。实施“玉米—玉米—大豆”和“麦—杂—豆”等轮作方式。

（2）整地。大豆是深根系作物，并有根瘤菌共生。要求耕层有机质丰富、活土层深厚、土壤容重较低及保水保肥性能良好。适宜作业的土壤含水率15%~25%。

①保护性耕作。实行保护性耕作的地块，如田间秸秆（经联合收割机粉碎）覆盖状况或地表平整度影响免耕播种作业质量，应进行秸秆匀撒处理或地表平整，保证播种质量。可应用联合整地机、铲杆式深松机或全方位深松机等进行深松整地作业。提倡以间隔深松为特征的深松耕法，构造“虚实并存”的耕层结构。间隔3~4年深松整地1次，以打破犁底层为目的，深度一般为35~40cm，稳定性≥80%，土壤膨松度≥40%，深松后应及时合墒，必要时镇压。对于田间水分较大、不宜实行保护性耕作的地区，需进行耕翻整地。

②麦后直播。前茬一般为冬小麦，具备较好的整地基础。没有实行保护性耕作的地区，一般先撒施底肥，随即用圆盘耙灭茬2~3遍，耙深15~20cm，然后用轻型钉齿耙浅耙，耙细耙平，保障播种质量；实行保护性耕作的地区，也可无需整地，待墒情适宜时播种。

（二）播种

1. 适期播种

夏播区域要抓住麦收后土壤墒情适宜的有利时机，抢墒早播。在播种适期内，根据品种类型、土壤墒情等条件确定具体播期。中晚熟品种应适当早播，以便保证霜前成熟；早熟品种应适当晚播，使其发棵壮苗；土壤墒情较差的地块，应当抢墒早播，播后及时镇压；土壤墒情好的地块，应根据大豆栽培的地理位置、气候条件、栽培制度及大豆生态类型具体分析，选定最佳播期。

2. 种植密度

播种密度依据品种、水肥条件、气候因素和种植方式等来确定。植株高大、分枝多的品种，适于低密度；植株矮小、分枝少的品种，适于较高密度。同一品种，水肥条件较好时，密度宜低些；反之，密度高些。麦茬地窄行密植平作保苗在 1.5 万株/亩左右为宜。

3. 播种质量

播种质量是实现大豆一次播种保全苗、高产、稳产、节本、增效的关键和前提。建议采用机械化精量播种技术，一次完成施肥、播种、覆土、镇压等作业环节。

参照中华人民共和国农业行业标准 NY/T 503—2002《中耕作物单粒（精密）播种机作业质量标准》，以覆土镇压后计算，一般播种深度 3~4cm，风沙土区播种深度 5~6cm，确保种子播在湿土上。播种深度合格率≥75.0%，株距合格指数≥60.0%，重播指数≤30.0%，漏播指数≤15.0%，变异系数≤40.0%，机械破损率≤1.5%，各行施肥量偏差≤5%，行距一致性合格率≥90%，邻接行距合格率≥90%，垄上播种相对垄顶中心偏差≤3cm，播行 50m 直线性偏差≤5cm，地头重（漏）播宽度≤5cm，播后地表平整、镇压连续，晾籽率≤2%；地头无漏种、堆种现象，出苗率≥95%。实行保护性耕作的地块，播种时应避免播种带土壤与秸秆、根茬混杂，确保种子与土壤接触良好。调整播量时，应考虑药剂拌种使种子质量增加的因素。

播种机在播种时，结合播种施种肥于种侧 3~5cm、种下 5~

8cm 处。施肥深度合格指数≥75%，种肥间距合格指数≥80%，地头无漏肥、堆肥现象，切忌种肥同位。

随播种施肥随镇压，做到覆土严密，镇压适度（3~5kg/cm^2），无漏无重，抗旱保墒。

4. 播种机具选用

根据各地农机装备市场实际情况和农艺技术要求，选用带有施肥、精量播种、覆土镇压等装置和种肥检测系统的多功能精少量播种机具，一次性完成播种、施肥、镇压等复式作业。夏播大豆可采用全稻秆覆盖少免耕精量播种机，少免耕播种机应具有较强的秸秆、根茬防堵和种床整备功能，机具以不发生轻微堵塞为合格。一般施肥装置的排肥能力应达到 90kg/亩左右，夏播大豆用机的排肥能力达到 60kg/亩以上即可。提倡选用具有种床整备防堵、侧深施肥、精量播种、覆土镇压、喷施封闭除草剂、秸秆均匀覆盖和种肥检测功能的多功能、精少量播种机具。

（三）田间管理

1. 施肥

根茬全部还田，基肥、种肥和微肥接力施肥，防止大豆后期脱肥，种肥增氮、保磷、补钾三要素合理配比；夏大豆根据具体情况，种肥和微肥接力施肥。提倡测土配方施肥和机械深施。

（1）底肥。生产 AA 级绿色大豆地块，施用绿色有机专用肥；生产 A 级优质大豆，施优质农家肥 1 500~2 000kg/亩，结合整地一次施入；一般大豆需施尿素 4kg/亩、钾肥 7kg/亩左右，结合耕整地，采用整地机具深施于 12~14cm 处。

（2）种肥。根据土壤有机质、速效养分含量、肥料供应水平、品种和前茬情况及栽培模式，确定具体施肥量。在没有进行测土配方平衡施肥的地块，一般氮、磷、钾纯养分按

1∶1.5∶1.2 比例配用，肥料商品量种肥每亩尿素 3kg、钾肥 4.5kg 左右。

（3）追肥。根据大豆需肥规律和长势情况，动态调剂肥料比例，追施适量营养元素。当氮、磷肥充足条件下应注意增加钾肥的用量。在花期喷施叶面肥。一般喷施 2 次，第 1 次在大豆初花期，第 2 次在结荚初期，可用尿素加磷酸二氢钾喷施，用量一般每公顷用尿素 7.5~15kg 加磷酸二氢钾 2.5~4.5kg 对水 750kg。中小面积地块尽量选用喷雾质量和防漂移性能好的喷雾机（器），使大豆叶片上下都有肥；大面积作业，推荐采用飞机航化作业方式。

2. 中耕除草

（1）中耕培土。有条件的垄作区适期中耕 2~3 次。在第 1 片复叶展开时，进行第 1 次中耕，耕深 15~18cm，或于垄沟深松 18~20cm，要求垄沟有较厚的活土层；在株高 25~30cm 时，进行第 2 次中耕，耕深 8~12cm，中耕机需高速作业，提高壅土挤压苗间草效果；封垄前进行第 3 次中耕，耕深 15~18cm。次数和时间不固定，根据苗情、草情和天气等条件灵活掌握，低涝地应注意培高垄，以利于排涝。

平作密植夏大豆少免耕产区，建议中耕 1~3 次。以行间深松为主，深度分别为 18~20cm，第 2 次、第 3 次为 8~12cm，松土灭草。推荐选用带有施肥装置的中耕机，结合中耕完成追肥作业。

（2）除草。采用机械、化学综合灭草原则，以播前土壤处理和播后苗前土壤处理为主，苗后处理为辅。

①机械除草：a. 封闭除草，在播种前用中耕机安装大鸭掌齿，配齐翼型齿，进行全面封闭浅耕除草。b. 耙地除草，即用轻型或中型钉齿耙进行苗前耙地除草，或者在发生严重草荒时，不得已进行苗后耙地除草。c. 苗间除草，在大豆苗期（1 对真叶展开至第 3 复叶展开，即株高 10~15cm 时），采用中耕苗间

除草机，边中耕边除草，锄齿入土深度 2~4cm。

②化学除草：根据当地草情，选择最佳药剂配方，重点选择杀草谱宽、持效期适中、无残效、对后茬作物无影响的除草剂，应用雾滴直径 250~400μm 的机动喷雾机、背负式喷雾机、电动喷雾机、农业航空植保等机械实施化学除草作业，作业机具要满足压力、稳定性和安全施药技术规范等方面的要求。

3. 病虫害防治

采用种子包衣方法防治根腐病、胞囊线虫病和根蛆等地下病虫害，各地可根据病虫害种类选择不同的种衣剂拌种，防治地下病虫害与蓟马、跳甲等早期虫害。建议各地实施科学合理的轮作方法，从源头预防病虫害的发生。根据苗期病虫害发生情况选用适宜的药剂及用量，采用喷杆式喷雾机等植保机械，按照机械化植保技术操作规程进行防治作业。大豆生长中后期病虫害的防治，应根据植保部门的预测和预报，选择适宜的药剂，遵循安全施药技术规范要求，依据具体条件采用机动喷雾机、背负式喷雾喷粉机、电动喷雾机和农业航空植保等机具和设备，按照机械化植保技术操作规程进行防治作业。各地应加强植保机械化作业技术指导与服务，做到均匀喷洒、不漏喷、不重喷、无滴漏、低漂移，以防止出现药害。

4. 化学调控

高肥地块大豆窄行密植由于群体大，大豆植株生长旺盛，要在初花期选用多效唑、三碘苯甲酸等化控剂进行调控，控制大豆徒长，防止后期倒伏；低肥力地块可在盛花、鼓粒期叶面喷施少量尿素、磷酸二氢钾和硼、锌微肥等，防止后期脱肥早衰。根据化控剂技术要求选用适宜的植保机械设备，按照机械化植保技术操作规程进行化控作业。

5. 排灌

根据气候与土壤墒情，播前抗涝、抗旱应结合整地进行，确保播种和出苗质量。生育期间干旱无雨，应及时灌溉；雨水较多、田间积水，应及时排水防涝；开花结荚、鼓粒期，适时适量灌溉，协调大豆水分需求，提高大豆品质和产量。提倡采用低压喷灌、微喷灌等节水灌溉技术。

(四) 收获

1. 适期收获

大豆机械化收获的时间要求严格，适宜收获期因收获方法不同而异。用联合收割机直接收割方式的最佳时期在完熟初期，此时大豆叶片全部脱落，植株呈现原有品种色泽，籽粒含水量降至18%以下；分段收获方式的最佳收获期为黄熟期，此时叶片脱落70%~80%，籽粒开始变黄，少部分豆荚变成原色，个别仍呈现青绿色。采用“深、窄、密”种植方式的地块，适宜采用直接收割方式收获。

2. 机械收获

大豆直接收获可用大豆联合收割机，也可借用小麦联合收割机。由于小麦联合收割机型号较多，各地可根据实际情况选用，但必须用大豆收获专用割台。一般滚筒转速为500~700r/min，应根据植株含水量、喂入量、破碎率、脱净率等情况，调整滚筒转速。

分段收获采用割晒机割倒铺放，待晾干后，用安装拾禾器的联合收割机拾禾脱粒。割倒铺放的大豆植株应与机组前进方向呈30°角，并铺放在垄台上，豆枝与豆枝相互搭接。

3. 收获质量

收获时要求割茬不留底荚，不丢枝，田间损失≤3%，收割综合损失≤1.5%，破碎率≤3%，泥花脸≤5%。

(五) 注意事项

(1) 驾驶人员、操作人员应取得农机监理部门颁发的驾驶证，加强驾驶操作人员的技术岗位培训，不断提高专业知识和技能水平。严禁驾驶、操作人员工作期间饮酒。

（2）驾驶操作前必须检查保证机具、设备技术状态的完好性，保证安全信号、旋转部件、防护装置和安全警示标志齐全，定期、规范实施维护保养。

（3）机具作业后要妥善处理残留药液、肥料，彻底清洗容器，防止污染环境。

（4）驾驶操作前必须认真阅读随机附带说明书。

第三节　绿　豆

一、绿豆高产栽培技术

（一）轮作选茬

绿豆忌连作，农谚说得好“豆地年年调，豆子年年好”。绿豆连作后根系分泌的酸性物质增加，不利于根系生长，抑制根瘤的活动和发育，植株生长发育不良，产量、品质下降。绿豆种植要选择适宜的茬口，如果前茬是大白菜地块，也会出现和连作一样的症状，同时病虫为害严重。因此，种植绿豆要安排好地块，最好是与禾谷类作物轮作，一般以相隔 2~3 年轮作为宜。

（二）整地施肥

绿豆的氮素营养特点和需肥规律，结合绿豆种植区的土壤肥力、气候条件、耕作制度等情况，在施肥技术上应掌握如下原则：以有机肥料为主，有机肥与无机肥结合；增施农家肥料，合理施用化肥；在化肥的使用上掌握以磷为主，磷氮配合，重施磷肥，控制氮肥，以磷增氮，以氮增产；在施肥方式上应掌握基肥为主，追肥为辅，有条件的进行叶面喷肥。此外，肥地应重施磷钾肥，薄地应重施氮磷肥。具体施肥技术如下。

1. 基肥

绿豆的基肥以农家肥料为主。农家肥料包括厩肥、堆肥、饼肥、人粪尿、草木灰等，基肥的施用方法有四种：一是利用前茬肥；二是底肥，犁地以前撒施掩底；三是种肥，犁后耙前撒施耙入地表 10cm 土层内；四是种肥，播种时开沟条施。

2. 追肥

绿豆追肥的时间和方法应根据绿豆的营养特性、土壤肥力、基肥和种肥施用的情况以及气候条件来确定，绿豆追肥一般在苗期和花期进行。

（1）苗肥。在地力较差、不施基肥和种肥的山岗薄地，应在绿豆苗期抓紧追施磷肥和氮肥。时间掌握在绿豆展开第 2 片真叶时，结合中耕，开沟浅施，亩施尿素 10kg 或复合肥 10~15kg。

（2）花肥。绿豆花荚期需肥最多，此时追肥有明显的增产效果。氮肥每亩施尿素 5~8kg。肥料可在培土前撒施行间，随施随串沟培土覆盖，或开沟浅施。

3. 叶面喷肥

在绿豆开花结荚期叶面喷肥，具有成本低、增产显著等优点，是一项经济有效的增产措施。方法是：在绿豆开花盛期，喷洒专用肥，第 1 批熟荚采摘后，每亩再喷 1kg 2%的尿素加 0.3%的磷酸二氢钾溶液，可以防止植株早衰，延长花荚期，结荚多，籽粒饱满，可增产 10%~15%。在花荚期叶面喷洒 0.05%的钼酸铵、硫酸锌等微量元素，一般可增产 7%~14%。

（三）选用良种

因地制宜地选用高产、优质、抗病、抗逆性能强、丰产性状好的品种。根据地方特点选用地方优良品种。要确保种子质量，一般要求种子纯度不低于 96%，发芽率不低于 85%，净度不低于98%，水分不高于13%。

（四）种子处理

1. 晒种、选种

在播种前选择晴天，将种子薄薄摊在席子上，晒1~2d，要勤翻动，使之晒匀，切勿直接放在水泥地上暴晒。选种，可利用风选、水选、机械或人工挑选，清除秕粒、小粒、杂粒、病虫粒和杂物，选留饱满大粒。

2. 处理硬实种子

一般绿豆中有10%的硬实种子，有的高达20%~30%。这种种籽粒小，吸水力差，不易发芽。播前对这类种子处理方法有3种：一是采用机械摩擦处理，将种皮磨破；二是低温处理，低温冷冻可使种皮发生裂痕；三是用密度1.84g/cm^{3}浓硫酸处理种子，种皮被腐蚀后易于吸水萌发，注意处理后立即用清水冲洗至无酸性反应。以上3种处理法，都能提高种子发芽率到90%左右。

3. 拌种

在播种前用钼酸铵等拌种或用根瘤菌接种。一般每亩用30~100g根瘤菌接种，或用3g（钼酸铵）拌种，或用种量3%的增产菌拌种，或用1%的磷酸二氢钾拌种，都可增产10%左右。

（五）播种技术

1. 播种方法

绿豆的播种方法有条播、穴播和撒播，以条播为多，条播时要防止覆土过深，下种要均匀，撒播时要做到撒种均匀一致，以利于田间管理。

2. 播种时期

绿豆生育期短，播种适期长，但要防止过早或过晚播种，以免影响绿豆的生长发育和产量。一般 5cm 处地温稳定通过 14℃即可播种。春播在 4 月下旬、5 月上旬，夏播在 6 月至 7 月。北方适播期短，春播区从 5 月初至 5 月底；夏播区在 6 月上、中旬，前茬收后应尽量早播。个别地区最晚可延至 8 月初播种。

3. 播量、播深

播量要根据品种特性、气候条件和土壤肥力，因地制宜。一般下种量要保证在留苗数的 2 倍以上。如土质好而平整，墒足，小粒型品种，播量要少些；反之可适当增加播量，在黏重土壤上要适当加大播量。适宜的播种量应掌握：条播每亩 1.5~2kg，撒播每亩 4kg。间套作绿豆应根据绿豆株行数而宜。播种深度以 3~4cm 为宜。墒情差的地块，播深至 4~5cm；气温高浅播些；春天土壤水分蒸发快，气温较低，可稍深些，若墒情差，应轻轻镇压。

（六）合理密植

适宜的种植密度是由品种特性、生长类型、土壤肥力和耕作制度来决定的。

1. 合理密植的原则

一般掌握早熟型密、晚熟型稀，直立型密、半蔓生和蔓生型稀，肥地稀、薄地密，早种稀、晚种密的原则。

2. 留苗密度

各种类型的适宜密度为：直立型品种，每亩留苗以 0.8 万~1.5 万株为宜；半蔓生型品种，每亩以 0.7 万~1.2 万株为宜；蔓生型品种，每亩留苗以 0.6 万~1 万株为宜。一般高肥水地块每亩留苗 0.7 万~0.9 万株，中肥水地块留苗 0.9 万~1.3 万株，瘠薄地块留苗 1.3 万~1.5 万株。间、套作地块根据各地种植形式调整密度。

（七）田间管理

1. 播后镇压

对播种时墒情较差、坷垃较多和沙性土壤地块，播后应及时镇压。做到随种随压，减少土壤空隙和水分蒸发。

2. 间苗定苗

在查苗补苗的基础上及时间苗定苗。一般在第 1 片复叶展开后间苗，第 2 片复叶展开后定苗。去弱、病、小苗，留大苗壮苗，实行留单株苗，以利植株根系生长。

3. 中耕培土

播种后遇雨地面板结，应及时中耕除草，在开花封垄前中耕 3 次。结合间苗进行一次浅锄；结合定苗进行中耕；到分枝期进行深中耕，并结合培土，培土不宜过高，以 10cm 左右为宜。

4. 适量追肥

绿豆幼苗从土壤中获取养分能力差，应追施适量苗肥，一般每亩追尿素 2~3kg，追肥应结合浇水或降雨时进行。在绿豆生长后期可以进行叶面喷肥，延长叶片功能期，提高绿豆产量。根据绿豆的生长情况，全生育期可喷肥 2~3 次，一般第 1 次喷肥在现蕾期，第 2 次喷肥在第一批果荚采摘后，第 3 次在第二批荚果采摘后进行，一般喷肥根据植株生长情况，喷施磷酸二氢钾和尿素。

5. 适时灌水

绿豆苗期耐旱，三叶期以后需水量增加，现蕾期为需水临界期，花荚期达需水高峰。绿豆生长期间，如遇干旱应适时灌水。有水浇条件的地块可在开花前浇 1 次水，以增加结荚数和单荚粒数；结荚期再浇 1 次水，以增加粒重。缺水地块应集中在盛花期浇水 1 次。另外，绿豆不耐涝，怕水淹，应注意防水排涝。

6. 人工打顶

绿豆打顶摘心是利用破坏顶端优势的生长规律，把光合产物由主要用于营养生长转变为主要用于生殖生长，增加经济产量。据试验，绿豆在高肥水条件下进行人工打顶，可控制植株徒长，降低植株高度，增加分枝数和有效结荚数。但在旱薄地上不宜推广打顶措施。

（八）适期收获

绿豆有分期开花、结实、成熟的特性，有的品种易炸荚，因此要适时收摘。过早或过晚，都会降低品质和产量。应掌握在绿豆植株上有 60%～70%的荚成熟后，开始采摘，以后每隔 7d 左右采摘 1 次。采摘时间应在早晨或傍晚时进行，以防豆荚炸裂。采摘时要避免损伤绿豆茎叶、分枝、幼蕾和花荚。采收下的绿豆应及时运到场院晾晒、脱粒。

（九）储藏

绿豆在储藏期间一定要严格把握种子湿度，入库的种子水分要控制在 13%以下，否则有可能因湿度太大引起霉烂变质，失去发芽能力。储藏的方法很多，有袋装法、囤存法、散装法，不论采用哪种方法，都应做好细致的保管工作，经常检查种子温度、湿度和虫害情况。如果种子湿度太高，就应搬出晾晒，降低水分。如果发现有绿豆象为害，可采用如下方法防治：

（1）在储藏的绿豆表面覆盖 15～20cm 草木灰，可防止脱粒后的绿豆象成虫在储豆表面产卵，处理 40d，防效可达 100%。

（2）绿豆存量较小的储户可采用沸水法杀虫。将绿豆放入沸水中停 20s，捞出晒干，杀死率 100%，且不影响发芽。

（3）马拉硫磷防治。将马拉硫磷原液用细土制成 1%药粉，每 50kg 绿豆拌 0.5kg 药粉，然后密封保存，效果达 100%。

（4）敌敌畏熏蒸法。每 50kg 绿豆用 80%敌敌畏乳油 5ml，盛入小瓶中，纱布扎口，放于储豆表层，外部密封保存，杀虫效果在 95%以上。

二、无公害食品绿豆生产

（一）范围

本标准规定了无公害食品绿豆生产的产地环境、生产技术、病虫害防治、采收和生产档案。本标准适用于无公害食品绿豆生产。

（二）规范性引用文件

下列文件中的条款通过本标准的引用而成为本标准的条款。凡是注日期的引用文件，其随后所有的修改单（不包括勘误的内容）或修订版均不适用于本标准，然而，鼓励根据本标准达成协议的各方研究是否可使用这些文件的最新版本。凡是不注日期的引用文件，其最新版本适用于本标准。

（三）产地环境

1. 环境条件

环境良好，远离污染源，符合无公害食品产地环境要求，可参照 NY 5116 的规定执行。

2. 土壤条件

以土质疏松、透气性好的中性或弱碱性土壤为宜。最适 pH 值为 6.5~7.0。

（四）生产技术

1. 品种选择

选择适宜本区域适应性广、优质丰产、抗逆性强、商品性好的品种，种子质量符合 GB 4404.3 的有关规定。

2. 整地施肥

结合当地栽培习惯，进行播前整地，切忌重茬，结合整地施足基肥。

3. 播种

（1）时间。结合当地的气候条件、耕作栽培制度和品种的特性具体确定，适时播种。

（2）方法。一般单作条播，间作、套种、零星种植点播，荒沙地撒播等播种。

（3）种植密度。一般单作每亩留苗1万株左右，每亩用种量1.5~2.0kg。间作、套种视绿豆实际种植面积而定。

4. 田间管理

（1）中耕除草。及时中耕除草，可在第1片复叶展开后结合间苗进行第1次浅锄；第2片复叶展开后，结合定苗第2次中耕；分枝期结合培土进行第3次深中耕。

（2）灌水排涝。有条件的地区在开花前灌水1次，结荚期再灌水1次。如水源紧张，应集中在盛花期灌水1次。对没有灌溉条件的地区，可适当调整播期使绿豆花荚期赶在雨季。若雨水过多应及时排涝。

（3）施肥。

原则：使用肥料应符合NY/T 496的规定。禁止使用未经国家或省级农业部门登记的化肥和生物肥料，以及重金属含量超标的有机肥和矿质肥料。不使用未达到无公害指标的工业废弃物和城市垃圾及有机肥料。

方法：一般磷肥全部作基肥，钾肥50%作基肥、50%作追肥，氮肥作基肥和追肥分次使用。

（五）病虫害防治

1. 绿豆主要病虫害

绿豆主要病虫害有根腐病、病毒病、叶斑病、白粉病等，主要害虫有地老虎、蚜虫、豆叶螟等。

2. 防治原则

预防为主，综合防治。优先采用农业防治、物理防治、生物防治，科学合理地使用化学防治。使用药剂防治时，应按 GB 4285 和 GB 8321（所有部分）的规定执行。

3. 防治方法

（1）农业防治。

①因地制宜选用抗（耐）病虫品种。

②合理布局，与禾本科作物轮作或间作套种，深耕土地清洁田园，清除病虫植株残体。

（2）物理防治。

①地老虎。用糖醋液或黑光灯诱杀成虫；将新鲜泡桐树叶用水浸湿后，于傍晚撒在田间，每亩撒放 700~800 片叶子，第二天早晨捕杀幼虫。

②螟虫类。用汞灯诱杀豆荚螟、豆野螟成虫。

③蚜虫。在田间挂设银灰色塑膜条驱避。

（3）生物防治。保护田间捕食螨、寄生蜂等自然天敌。

（4）药物防治。

①药剂使用原则。使用药剂时，应首选低毒、低残留、广谱、高效农药，注意交替使用农药。严格按照 GB 4285 和 GB/T 8321（所有部分）及国家其他有关农药使用的规定执行。

②禁止使用农药。禁止使用农药：甲胺磷、甲基对硫磷、对硫磷、久效磷、磷胺、甲拌磷、甲基异柳磷、特丁硫磷、甲基硫环磷、治螟磷、内吸磷、克百威、涕灭威、灭线磷、硫环磷、蝇毒磷、地虫硫磷、氯唑磷、苯线磷。

（5）病害防治。

①根腐病。播种前用 75%百菌清、50%的多菌灵可湿性粉剂，按种子 0.3%的比例拌种。

②病毒病。及时防治蚜虫。

③叶斑病。绿豆现蕾和盛花，或发病初期选用 50%的多菌灵可湿性粉剂 800 倍液，或 75%百菌清 500~600 倍液喷雾防治。7~10d 喷 1 次，连续防治 2~3 次。

④白粉病。发病初期选用 25%三唑酮可湿性粉剂 1 500 倍液喷雾。

（6）虫害防治。

①地下害虫。在播种前用新鲜菜叶在 90%敌百虫晶体 400 倍液中浸泡 10min，傍晚放入田间诱杀幼虫；出苗后于傍晚在靠近地面的幼苗嫩茎处用浸泡药液的菜叶诱杀。

②蚜虫。用 2.5%氰戊菊酯乳油 2 000~3 000倍液，或 50%马拉硫磷 1 000 倍液喷雾。

③螟虫类。在现蕾分枝期和盛花期，选用菊酯类杀虫剂（如 2.5%氰戊菊酯、2.5%氯氰菊酯、2.5%溴氰菊酯乳油）2 000~3 000倍液喷雾。

（六）采收

1. 分次收获

植株上 70%左右的豆荚成熟后，开始采摘，以后每隔 6~8d 收摘 1 次。

2. 一次性收获

植株上 80%以上的荚成熟后收割。

（七）生产档案

（1）建立无公害食品绿豆生产档案。

（2）应详细记录产地环境、生产技术、病虫害防治和采收等各环节所采取的具体措施。

第四节　高粱

一、高粱绿色增产模式原则

1. 坚持良种优先模式

根据不同区域、不同作物和生产需求，科学确定育种目标。重点选育和推广种植高产优质、多抗广适、熟期适宜、宜于机械化的高粱新品种。

2. 坚持耕作制度改革与高效栽培优先

根据不同粮食生产特点、生态条件、当地产业发展需求，选择合理的耕作制度和间作、轮作模式，集成组装良种良法配套、低耗高效安全的栽培技术。

3. 坚持农机农艺融合优先

以全程机械化为目标，加快开发多功能、智能化、经济型农业装备设施，重点在深松整地、秸秆还田、水肥一体化、化肥深施、机播机收、现代高效植保、机械收获等环节取得突破，实现农机农艺深度融合，提高农业整体效益。

4. 坚持安全投入品优先

重点推广优质商品有机肥、高效缓释肥料、生物肥、水溶性肥料等新型肥料，减少和替代传统化学肥料。研发推广高效低毒低残留、环境友好型农药。

5. 坚持物理技术优先

采取种子磁化、声波助长、电子杀虫等系列新型物理技术，减少化肥、农药的施用量，提高农作物抗病能力，实现高产、优质、高效和环境友好。

6. 坚持信息技术优先

利用遥感技术、地理信息系统、全球定位系统，以及农业物联网技术，建立完善苗情监测系统、墒情监测系统、病虫害监测系统，指导平衡施肥、精准施药、定量灌溉、激光整地、车载土壤养分快速检测等，实现智能化、精准化农业生产过程管理。

二、高粱绿色增产技术

绿色高粱生产要求生态环境质量必须符合 NY/T 391 绿色食品产地环境技术条件，NY/T 393 绿色食品农药施用准则，NY/T 394 绿色食品肥料使用准则，且在生产过程中限量使用限定的化学合成生产资料，按特定的生产技术操作规程生产。

1. 选用早熟良种

按照订单生产的要求，选择生长期短，全生育期 100d 左右的早熟品种，如鲁杂 7 号、鲁杂 8 号、鲁粮 3 号、冀杂 5 号、晋杂 11 号等。

2. 抢时早播

麦收后，抢时灭茬造墒，于 6 月上中旬播种，最迟不要超过夏至，以早播促早熟，此期温度高，一般 3d 左右就可出全苗。播种不可太深，一般掌握在 3~5cm 即可。

3. 合理密植

高粱种植密度应以地力和品种不同而异。中等肥力地块一般每亩留苗 7 000~8 000株；高肥力地块可亩留苗 8 000~9 000株。株高 3m 以上的品种每亩可留苗 5 000株；株高 2~2.5m 以及以下的中秆杂交种，每亩可留苗 7 000株左右，如鲁杂 8 号等；而像鲁粮 3 号等株高在 2m 以下的杂交种，每亩可留苗 8 000株左右。

4. 以促为主抓早管

齐苗后及早间定苗；定苗后要中耕灭茬，除草松土，促苗生长。追肥佳期有三个：一是提苗肥，一般定苗后追提苗肥，亩施尿素 7～8kg、过磷酸钙 15～20kg；二是拔节期肥，也就是 10 片叶左右时，亩追施尿素 15～20kg；三是孕穗肥，亩施尿素 5～10kg。原则是：重施拔节肥，不忘孕穗肥。高粱的需水规律是：前期需水少，遇到严重干旱时可小浇；中期需水较多，应及时浇水；后期浇水要防倒伏。浇水应与追肥相结合，以充分发挥肥效。后期遇大雨要注意排涝。

5. 及时防治病虫害

防治蝼蛄、蛴螬、金针虫等地下害虫，可于播种前用 50%的辛硫磷乳油按 1∶10 的比例与已煮熟的谷子拌匀，堆闷后同种子一起播种或苗期于行间撒毒谷防治；蚜虫可用 40%氧化乐果乳油 1 500～2 000倍液喷雾防治；防治钻心虫可于喇叭口期用 50%辛硫磷乳油 1kg 对细沙 100kg 拌成毒沙，每亩 2.5kg（每株 2～3 粒）撒于心叶；开花末期，高粱条螟、粟穗螟等发生时，可用 20%速灭杀丁 2 000倍液喷雾防治。治虫时，不要使用敌敌畏、敌百虫等农药，以防发生药害。

6. 及时收获

高粱籽粒在蜡熟期干物质积累已达最高值，其标志是穗部 90%的籽粒变硬，手掐不出水。此时收获，产量最高，品质最好。收后经 2～3d 晾晒、脱粒，待籽粒含水量小于 13%后，即可入库贮存。

第五节　芝麻

一、小麦—辣椒—芝麻间作套种栽培技术

小麦—辣椒—芝麻间作套种栽培技术是在麦垄套种小辣椒技术的基础上，为进一步提高土地利用率，增加经济效益前提

下发展起来的。一般在不增加投入、小辣椒不减产的情况下，亩均增收25~40kg芝麻，增收400~600元。其主要技术应把握以下几点：

（一）适时早播芝麻，确保一播全苗

在小麦收割前后，采用4行小辣椒种1行芝麻的种植模式，即每隔4行小辣椒，在原来的小麦种植带内，人工或机械播种1行芝麻。这样可以在不影响辣椒管理的情况下，做到合理利用土地，实现高效种植。芝麻应做到及早播种，最好在小麦没有收获以前播种，最迟不能超过6月10日。播种过晚，出苗后辣椒已经长大，芝麻容易受到辣椒的荫蔽。播种量每亩50g，可采用开沟播种。播种时要尽量避开收割机的秸秆出口行。麦秸或麦糠过大会影响芝麻出苗，出苗后易形成高脚苗。播种后根据墒情，应及时浇水，可以在浇辣椒的同时，对芝麻进行灌溉，确保一播全苗。

（二）做好芝麻田间管理，实现高产和优质

1. 及时间苗、定苗

在第1对真叶时进行第1次间苗，拔除过密苗，以叶不搭叶为度；到3~4片真叶时进行第2次间苗，以促进芝麻幼苗的均衡健壮生长。间苗时，发现缺苗，要及时带土移苗补栽。当芝麻长至12~15cm时，进行最后1次间苗并定苗，单秆型品种株距13~16cm为宜，一般亩留苗3 000~4 000株。

2. 化学除草

在播种后3d以内，每亩用72%都尔乳油100ml，加水稀释后均匀喷布于地表。土质黏重或有机质含量丰富的田块，应增加20%的用药量。

3. 科学施肥

由于辣椒地土壤较为肥沃，一般不施入基肥。开化结蒴期

是芝麻生长最旺盛时期，也是需肥高峰期，吸收养分占总量的70%左右，必须增施化肥满足需求。实践证明，追施化肥可增产30%以上。追肥方式是地面施氮肥，根外喷磷肥、钾肥和硼肥。于初花期每亩追施尿素7.5～10kg，同时用0.4%的磷酸二氢钾与0.02%的硼砂混合溶液进行叶面喷施，5d左右喷1次，连喷2次。

4. 打顶保叶

一般8月8—10日打顶。晴天下午用手摘除花序顶部生长点约1cm。禁止掐芝麻叶食用。

5. 适时收获

8月底至9月初，当植株变成黄色或绿色，叶片几乎完全脱落，下部蒴果的籽粒充分成熟，种皮呈固有色泽，并有2～3个蒴果开始裂嘴，中部蒴果的籽粒已十分饱满，上部蒴果的籽粒已进入乳熟后期时进行收获。芝麻收割后捆成直径15～20cm的小捆，4～5捆一起就地捆架晾晒，经2～3次脱粒即可。收获后的籽粒要及时晾晒，其含水量不超过7%，杂质不超过2%即可入库。

二、麦茬芝麻生产

（一）范围

本标准化生产技术规程规定了麦茬芝麻生产选地、品种选择及种子处理、免耕精量直播、田间管理、收获、储藏等技术要求。

本标准适用于河南省麦茬芝麻生产。

（二）规范性引用文件

下列文件对于本文件的应用是必不可少的。凡是注日期的引用文件，仅注日期的版本适用于本文件。凡是不注日期的引用文件，其最新版本（包括所有的修改单）适用于本文件。

（三）保苗要求

保苗率达到80%以上。

（四）产量要求

在正常气候条件下，每亩产量可达120~150kg。

（五）品种选择及种子处理

1. 品种选择

根据市场要求，选择适应当地生态条件，经鉴定推广的优质、高产、抗逆性强、抗病性强的优良品种。品种生育期应选择85~90d。优质品种品质应符合GB 4407. 2的规定。

2. 晒种与种子清选

（1）晒种。播前选择晴朗天气，将种子摊匀晒在通风透光的地面上，阳光下暴晒1~2d，并经常翻动，以打破种子休眠状态，提高种子活力。

（2）种子清选。种子质量应符合GB 4407. 2的规定。

3. 种子处理

（1）种子包衣。在芝麻病害严重的地区，要进行种子包衣，使用种子包衣剂可有效地预防芝麻枯萎病、茎点枯病、立枯病和地老虎、蝼蛄、蛴螬、金针虫等地下害虫。种子包衣剂使用量与种子的质量比为2∶50。浸种拌种。

（2）温汤浸种。55℃浸种10min或60℃浸种5min；或用种子量0. 2%的40%多菌灵可湿性粉剂拌种；或用种子量0. 3%的2. 5%适乐时拌种，均可有效防治芝麻立枯病、枯萎病、茎点枯病、根腐病等。农药质量和使用方法应符合GB/T 8321、NY/T 1276的规定。

（六）选地与麦茬免耕精播

1. 选地

在不重茬的基础上，选用土质优良、质地疏松、排灌方便、肥力中上等的沙壤土和壤土、砂姜黑土地较为适宜。茬口为小麦茬。提倡连片种植、机械作业，提高生产效率。

2. 麦茬免耕精播

小麦机收留茬高度10~15cm，麦收后及时清理田间麦秸，有利于芝麻机械化播种和幼苗生长。麦茬芝麻适播期短，若墒情适宜，可免耕直播抢墒播种；墒情不足，宜先灌溉后播种。

播种方式。机械条播，等行距或宽窄行种植，行距28~30cm或50cm∶30cm，播种深度3.0~5.0cm，使用芝麻免耕精播种施肥一体机，实行精量或半精量播种，播种量0.2~0.3kg/亩，随播种随施10~15kg/亩NPK三元复合肥，播种施肥一次完成。肥料质量应符合NY/T 496的规定。

（七）田间管理

1. 密度

麦茬精播芝麻一般无需间苗，如密度过大，可在3~4对真叶时定苗1次，株距为15cm，6月5日前播种，密度10 000株/亩左右，以后，每推迟5~8d，密度增加2 000~3 000株/亩。

2. 水肥管理

播种前未施底肥或发现土壤缺肥时，可用单腿施肥机械在芝麻现蕾期—初花期，追施尿素5~8kg/亩或NPK三元复合肥10~15kg/亩；盛花期可喷施磷酸二氢钾、芸薹素、叶面保等以提高籽粒饱满度。肥料质量应符合NY/T 496的规定。麦茬芝麻盛花期需水量大，且此时在河南易遇旱涝灾害，高温干旱天气宜在7：00—11：00或15：00以后灌水，灌水量≤20m^3/亩，水质量应符合GB 5084的规定；遇涝时应及时清沟排水，以防涝灾。

3. 适期打顶

麦茬芝麻宜在8月10日前后打顶，打顶长度1.0cm左右，打顶方法是用剪子剪掉芝麻顶尖。

（八）收获与贮藏

1. 收获时期

人工收获和机械分段收获均宜在成熟期进行。植株由浓绿色变黄色，叶片除顶梢外全部脱落，下部籽粒完全成熟，现出本品种固有色泽，中部蒴果籽粒灌浆饱满，上部蒴果籽粒进入乳熟后期为宜。

2. 收获方式

收获时期：8 月下旬至 9 月上旬，芝麻成熟时，及时收获、晾晒。机械分段割捆：用芝麻割捆机械，割茬高度为 10~15cm，机械捆扎。

人工收割：人工用镰刀刈割，随割随捆，每 20~30 株扎成 1 捆。

小捆架晒，及时脱粒，保证籽粒外观颜色正常，确保产品质量。收获时，应避免中午阳光暴晒时段收获，以减少落粒损失。

3. 储藏

芝麻脱粒后及时晾晒、精选。待籽粒含水量<9.0%时，分品种、分等级存放于清洁、干燥、无污染的仓库中。种子质量应符合 GB 4407.2 的规定。

三、芝麻—花生带状间作

（一）范围

本标准规定了芝麻—花生间作选地、品种选择及种子处理、芝麻花生带状播种、除草剂施用、田间管理、收获与储藏等技术要求。

本标准适用于河南省芝麻—花生带状间作优质高效生产。

（二）规范性引用文件

下列文件对于本文件的应用是必不可少的。凡是注日期的引用文件，仅注日期的版本适用于本文件。凡是不注日期的引用文件，其最新版本（包括所有的修改单）适用于本文件。

（三）产量要求

在气候正常年份，花生产量 300～350kg/亩，芝麻产量 40～50kg/亩。

（四）选用品种及种子处理

1. 品种选择

花生应选用国家登记品种，芝麻应选用经审（鉴）定推广的优质、高产、抗逆性强、抗病性强的优良品种。花生品种宜选择株型紧凑、生育期 110～120d 的中熟品种，芝麻品种选择单秆型、生育期 85～90d 的中早熟品种。

2. 晒种与种子清选

（1）晒种。播前宜选择晴朗天气，将芝麻种子、花生果摊匀晒在通风透光的地面上，在阳光下暴晒 1～2d，并经常翻动，以打破种子休眠状态，提高种子活力。花生剥壳时间以播种前 10～15d 为好。

（2）种子清选。芝麻、花生种子清选后的质量应符合 GB 4407. 2的规定。

3. 种子处理

（1）花生种子包衣。在花生重茬或病害严重区域，用高巧（60%吡虫啉）悬浮种衣剂，用量为每 100ml 对水 0. 5～1kg，拌种 30～40kg，病虫较重地区可加大用药量，可防治一季地下害虫和蚜虫。

（2）花生拌种。针对连作地区花生种子可用 50%多菌灵可湿性粉剂按种子量的 0. 5%拌种，或用适乐时 10ml 拌 5. 0kg 种子，防治土传性病害。

（3）芝麻温汤浸种。55℃浸种10.0min或60℃浸种5.0min。

（4）芝麻药剂拌种。用种子量0.2%的40%多菌灵可湿性粉剂拌种；或用种子量0.3%的2.5%适乐时悬浮剂拌种，防治芝麻立枯病、枯萎病、茎点枯病、根腐病等。

（五）选地与播种

1. 选地

选用地势平坦、土层深厚1.0m以上，耕作层肥沃，花生结果层疏松，排灌方便、肥力中上等的地块。

2. 整地与施肥

芝麻-花生带状间作田块以主作物花生施肥量为准。施肥可根据田中土壤养分丰歉情况测土配方施肥。高产田施45%NPK三元复合肥40~50kg/亩；中低产田施45%NPK三元复合肥30~40kg/亩。肥料质量应符合NY/T 496的规定。

采用深耕或深旋的方法整地，做到耕层疏松、土碎田平，分厢整地、厢沟规整。

3. 播种

（1）精（少）量播种的条件。耕层深厚，土壤肥沃；土碎田平，足墒播种；选用合格种子，适期足墒播种；机械条播；浅播、匀播、播后镇压。

（2）播种顺序。先播种花生，再播种芝麻。花生播种。用花生播种机械直播。大果花生密度1.0万~1.1万穴/亩，小果花生1.1万~1.2万穴/亩，每穴播2粒种子；每4~6行花生留40~50cm行距，用以种植芝麻。

（3）芝麻播种。芝麻用独腿耧进行播种，播种量0.2~0.3kg/亩；留苗密度0.4万~0.5万株/亩。若墒情差，可采用坐水播种。

（六）田间管理

1. 水肥管理

花生在开花、果针下扎及饱果期用 0.2%～0.3%磷酸二氢钾、0.1%～0.2%尿素水溶液进行叶面追肥，用量 40～50kg/亩，并灌水 1 次；芝麻在盛花后期喷施磷酸二氢钾、尿素，用量同前，喷施 2～3 次。肥料质量应符合 NY/T 496 的规定。

花生宜在花针后期和结荚后期浇水，遇旱要及时浇水。灌溉次数，春花生浇水 2～3 次，夏花生浇水 1～2 次。遇涝时应及时清沟排水，以防涝灾。水质量应符合 GB 5084 的规定。

带状种植的芝麻水肥管理同花生管理。

2. 病虫害防控

（1）病虫害防控原则。以防为主，一防多效，综合防控。

（2）主要病害。花生中后期的主要病害为茎腐病、根腐病、叶斑病、锈病、病毒病等，芝麻的主要病害为茎点枯病、枯萎病、叶斑病、病毒病等。

（3）主要虫害。花生中后期的主要虫害为蛴螬、金针虫、棉铃虫、蚜虫、飞虱、蓟马等；芝麻的主要虫害为蚜虫、棉铃虫、甜菜夜蛾、芝麻天蛾和盲蝽象等。

（4）防治方法。可同时用杀虫剂、杀菌剂、叶面肥等混合喷施，达到一次喷施同时起到防病、治虫、叶片补养多种作用。药剂混配方法：600 倍花生克菌灵，或 40%多菌灵悬浮液 700 倍液，或 70%甲基托布津 800 倍液（防病）+2.5%高效氯氰菊酯 1 000倍液，或 5%氟虫脲（卡死克）乳油 4 000倍液，或 20%虫酰肼（米满）1 000～1 500倍液，或 300 倍液磷酸二氢钾。一般宜在发病初期用药，全田喷雾 2～3 次，间隔时间为 7～10d。农药质量和使用方法应符合 GB/T 8321、NY/T 1276 的规定。

3. 合理促控

针对高温多雨年份花生旺长、花位高、果针入土率低和芝麻始蒴部位高、开花晚等问题，可用15%多效唑可湿性粉剂，或25%缩节胺水剂，或1.0～2.0g/亩增产灵，对水40～50kg/亩进行喷施。用药次数1～2次，时间间隔7～10d。肥料质量应符合NY/T 496的规定，农药质量和使用方法应符合GB/T 8321、NY/T 1276的规定。芝麻适期打顶：春芝麻宜在7月30日至8月5日、夏芝麻在8月10日至8月15日打顶，打顶长度1.0cm左右，打顶方法用剪子剪掉芝麻顶尖即可。推迟打顶时间，应剪去顶端未开花的花序。

（七）收获与储藏

1. 收获

芝麻—花生带状间作种植，芝麻成熟期较早，花生熟期较晚，宜先收芝麻，后收花生。

(1) 芝麻收获。收获时期为当芝麻植株由浓绿色变黄色，叶片除顶梢外全部脱落，下部籽粒完全成熟，现出本品种固有色泽，中部蒴果籽粒灌浆饱满，上部蒴果籽粒进入乳熟后期为宜。收割方法分为人工收割，即人工用镰刀刈割，随割随捆，小捆架晒，及时脱粒，保证籽粒外观颜色正常，确保产品质量。收获时，应避免中午阳光暴晒，以减少落粒损失。

(2) 花生收获。植株生长停滞，中下部叶片脱落，上部叶片发黄而不枯萎脱落，叶片昼开夜合的现象消失，植株由紧凑变为疏松，并且有倒伏的倾向。收获方法可采用花生收获机或花生联合收获机进行收获。

2. 储藏

芝麻脱粒后及时晾晒、精选，籽粒含水量<9.0%，可分品种、分等级入库储藏，种子质量应符合GB 4407.2的规定。

新收获的花生应及时晾晒风干，以防止霉烂变质；籽粒含水量8.0%～10.0%，可分品种、分等级入库储藏，种子质量应符合GB 4407.2的规定。

参考文献

农业部种植业管理司，全国农业技术推广服务中心，2015. 粮食绿色增产增效技术模式，北京：中国农业出版社.

王荣成，2015. 粮食作物新品种增产技术，西安：陕西科学技术出版社.

张福锁，张宏彦等，2016. 作物绿色增产增效技术模式，北京：中国农业大学出版社.